ADMINISTRATION DES FORÊTS.

CATALOGUE

DES

VÉGÉTAUX LIGNEUX INDIGÈNES ET EXOTIQUES

EXISTANT SUR LE DOMAINE FORESTIER

DES BARRES-VILMORIN

(LOIRET).

PARIS.
IMPRIMERIE NATIONALE.

M DCCC LXXVIII.

CATALOGUE

DES

VÉGÉTAUX LIGNEUX INDIGÈNES ET EXOTIQUES

EXISTANT SUR LE DOMAINE FORESTIER

DES BARRES-VILMORIN.

ADMINISTRATION DES FORÊTS.

CATALOGUE

DES

VÉGÉTAUX LIGNEUX INDIGÈNES ET EXOTIQUES

EXISTANT SUR LE DOMAINE FORESTIER

DES BARRES-VILMORIN.

PARIS.
IMPRIMERIE NATIONALE.

M DCCC LXXVIII.

INTRODUCTION.

Le domaine forestier des Barres occupe une superficie totale de 67 hectares 37 ares 22 centiares.

Il est situé dans la commune de Nogent-sur-Vernisson (Loiret), à 18 kilomètres au sud de Montargis, à 19 kilomètres au nord de Gien.

Les terres du domaine occupent le sommet d'un plateau qui domine la rive droite du Vernisson, à une altitude de 150 mètres.

Le sol est essentiellement siliceux, un peu maigre. La couche de terre végétale varie entre 40 et 80 centimètres d'épaisseur. Elle repose sur un banc d'argile imperméable, surmonté d'une couche de sable gras d'environ 30 centimètres d'épaisseur, mélangée de gros rognons siliceux.

Le climat est, à très-peu près, le climat parisien, influencé cependant, dans une certaine mesure, par le voisinage de la forêt d'Orléans, distante de 10 à 12 kilomètres seulement.

Le domaine se trouve, pour ainsi dire, placé sur la rive du climat forestier, au point de passage de la région boisée à la région agricole.

Le climat des Barres est ordinairement sec, sans que cependant la température y soit exceptionnellement élevée. Par contre, les froids y sont souvent très-vifs, et dans l'hiver de 1871-1872 le thermomètre y est descendu à 27°,9 au-dessous de zéro. Ces froids excessifs présentent bien quelques inconvénients pour les plantations d'arbres exotiques, mais il n'y a pas lieu de s'en plaindre, quoiqu'ils infligent à l'établissement des pertes cruelles, puisque de semblables épreuves sont malheureusement indispensables pour donner le droit de délivrer aux essences étrangères, que l'on essaye d'introduire dans les cultures forestières, leurs lettres définitives de naturalisation.

Enfin on doit dire que, si les gelées d'hiver sont redoutables aux Barres, les gelées printanières les épargnent le plus souvent, et c'est là une compensation d'une grande importance.

En somme, et malgré les inconvénients signalés plus haut, la végétation forestière est satisfaisante sur le domaine. Les Pins, particulièrement, s'accommodent très-bien de ces conditions de sol et de climat, et le Chêne lui-même présente par places une végétation très-vigoureuse, grâce à la couche intermédiaire de sable fortement argileux.

Lorsque M. de Vilmorin acheta la propriété en 1821, le sol était presque entièrement dépouillé de bois, à l'exception de quelques mauvais taillis, sur souches usées, de Chêne et de Charme.

Il se mit aussitôt à l'œuvre, avec une patience et un dévouement à la science admirables, et contribua puissamment, par son exemple et ses relations nombreuses, au succès des travaux de reboisement entrepris depuis dans le département du Loiret. On peut dire, à cet égard, qu'il fut un des premiers à comprendre que la Sologne ne devait sa stérilité qu'aux excès du déboisement et que les plantations forestières pouvaient seules lui rendre son ancienne fertilité. Aucun sacrifice ne lui coûta pour vulgariser cette idée; il fit mieux que de l'enseigner comme une théorie, il en démontra la vérité par la pratique dans un champ d'études et d'expériences qu'il ouvrait à tout le monde. Les massifs de Pins qu'il a créés sur le domaine des Barres offrent déjà des éléments d'appréciation très-importants. Ces expériences comparatives demanderaient certainement à être continuées sur une échelle plus vaste; mais, dès aujourd'hui, elles établissent d'une façon incontestable, dans les conditions de sol et de climat où se trouve le domaine des Barres, la supériorité de plusieurs variétés, telles que le Pin de Riga, parmi les Pins sylvestres; le Pin de Calabre, parmi les Laricios; le Pin de Corte, parmi les Pins maritimes. La forêt d'Orléans, dont la régénération ne peut être poursuivie que par l'emploi des essences résineuses, présente des conditions à peu près identiques à celles des Barres et semble appelée à devenir le plus magnifique champ d'épreuves que l'on puisse souhaiter.

A côté de cette question capitale de l'accroissement du sol forestier et de sa mise en valeur par l'emploi des essences et des variétés les plus précieuses, M. de Vilmorin avait commencé des essais de naturalisation et d'acclimatation d'essences forestières exotiques. C'est ainsi qu'on trouve sur le domaine : des massifs de Pins des Pyrénées, de Pins de Tauride et de Caramanie, races ou espèces très-remarquables, intermédiaires entre le Pin noir d'Autriche et le Pin Laricio de Corse; une plantation de Cèdres du Liban qui commençaient à bien se développer, mais qui ont mal résisté aux froids extrêmes de l'hiver 1871-1872; la collection des Chênes de l'Amérique septentrionale, dont quelques-uns parfaitement naturalisés se ressèment d'eux-mêmes en grande abondance, et dont plusieurs, en outre, sont remarquables par la vigueur de leur végétation et la rapidité de leurs accroissements, ce qui donne lieu de croire qu'on s'est trop hâté de décider que leur introduction dans la culture forestière était sans intérêt; des plantations de Pinsapos, de Noyers d'Amérique, de Bouleaux à canot, d'Aunes à feuilles en cœur et d'autres arbres exotiques, dont les qualités et la végétation sur le sol de la France n'avaient pas encore été parfaitement reconnues, faute d'une multiplication suffisante.

Tel était l'état du domaine des Barres lorsque, quatre ans après la mort de M. de Vilmorin, une décision du Ministre des Finances, en date du 3 mars 1866, autorisa l'acquisition de cette propriété, afin d'assurer la conservation de cette précieuse collection d'arbres dont la création avait demandé quarante années d'efforts persévérants.

Lorsque l'État entra en possession de son acquisition, au mois de juin 1866, les peuplements existants, indépendamment de leur valeur scientifique, présentaient un matériel sur pied considérable; mais la propriété, négligée depuis plusieurs années, réclamait de nombreux travaux d'améliorations.

Les bâtiments d'habitation, ainsi que les dépendances du domaine, exigeaient des réparations urgentes ou de nouvelles appropriations, en vue de destinations futures. Les premières années furent consacrées presque entièrement à ces travaux préliminaires et indispensables. Ce n'est qu'en 1869, à la suite d'une visite du Directeur Général des forêts, que la marche à suivre pour la gestion du domaine fut discutée, un programme arrêté et une impulsion soutenue donnée aux travaux, en vue de la destination que l'établissement allait recevoir. Mais les événements de 1870-1871 devaient bientôt en retarder l'application, qui ne commença, de fait, qu'au printemps de 1872.

Aujourd'hui les bâtiments en ruine ont disparu ou ont été relevés; la maison d'habitation est restaurée; celle du garde également; un logement se construit pour le Garde Général attaché comme professeur à l'École des Barres; de nouveaux chemins ont été ouverts; les anciens ont été réparés; de nombreux drainages ont été pratiqués; les fossés bordiers et de clôture ont été curés ou établis à neuf. Les terrains sont assainis; des fosses à terreau, contenant plus de 600 mètres cubes, ont été ouvertes, ainsi que des bassins, cubant ensemble près de 400 mètres. Un puits de 45 mètres de profondeur a été foré sur le point culminant du domaine; un manége élève l'eau à 5 mètres de hauteur dans un réservoir de 20 mètres cubes de capacité, de façon à permettre de distribuer cette eau sur tous les points de l'établissement; 1,300 mètres de tuyaux, système Chameroy, et 70 bouches d'arrosage sont déjà placés. De vastes pépinières ont été établies; les unes ont pour but la production de jeunes plants d'essences exotiques, en assez grand nombre pour permettre de tenter sur une échelle convenable des expériences sérieuses de naturalisation; les autres doivent fournir la plus grande partie des plants nécessaires pour les besoins de la forêt d'Orléans; l'étendue de la pépinière d'approvisionnements est dès aujourd'hui de 7 hectares environ; autant que possible on cultive dans cette pépinière les variétés les plus belles, notamment le Pin de Riga et le Pin de Calabre, de façon à les répandre dans les forêts domaniales et à créer ainsi pour l'avenir des centres d'approvisionnements qui nous manquent aujourd'hui. Des élagages et des éclaircies ont été pratiqués dans les massifs trop serrés; ces opérations culturales se continuent, en les associant à des expériences sur la végétation et à des observations sur les accroissements ligneux; des plantations nouvelles ont été faites, notamment de Wellingtonia et de Taxodium sempervirens, en massifs, sur près de 2 hectares. Un *Arboretum* a été dessiné et planté; les spécimens qu'il renferme sont étiquetés et catalogués avec soin.

Un herbier et des collections de bois, de fruits, de graines, de produits végétaux et d'instruments d'exploitation étaient le complément obligatoire de l'*Arboretum*, ils sont en cours de préparation; une bibliothèque, essentiellement forestière, doit recevoir tous les ouvrages nécessaires pour la détermination et l'étude des plantes de l'herbier, ainsi qu'un certain nombre d'ouvrages pratiques et élémentaires pouvant être mis utilement entre les mains des gardes auxiliaires attachés à l'établissement.

Un poste météorologique bien outillé a été établi aux Barres; deux stations y sont installées, l'une sous bois, l'autre hors bois; l'emplacement de ces stations a été déterminé sur les indications de M. Charles Sainte-Claire Deville, membre de l'Institut; l'installation des appareils est en tout conforme à celle de l'observatoire central de Montsouris.

Les élagages de réserves ayant donné lieu, dans ces dernières années, à des controverses très-animées, cette opération a été pratiquée aux Barres sur un assez grand nombre d'arbres feuillus et résineux, de façon à constituer une expérience concluante.

Une salle est installée pour les expériences sur les qualités des bois et les résistances diverses dont ils sont susceptibles; ces expériences sont commencées et vont être continuées sans interruption.

Des magasins de graines, destinés à recevoir toutes les semences résineuses que l'Administration des Forêts doit encore acheter au commerce pour les travaux de reboisement et de repeuplements, ont été établis et pourvus de l'outillage indispensable pour des vérifications qui doivent porter à la fois sur le poids, la pureté et la qualité des graines. Cette mesure excellente procure des avantages considérables, que l'on ne peut évaluer pécuniairement à moins de 30,000 ou 40,000 francs par an. Enfin, depuis 1873, il a été institué sur le domaine un centre d'enseignement spécial de pratique sylvicole pour préparer aux emplois de garde les fils de préposés forestiers domaniaux et communaux qui ont subi avec succès les épreuves du concours annuel d'admission à l'École des Barres.

Les premières promotions sont aujourd'hui répandues dans le service, notamment dans celui du reboisement, où l'instruction toute spéciale des élèves des Barres trouve sa plus utile application.

Le témoignage unanime des agents, sous les ordres de qui ces jeunes préposés sont placés, s'accorde à considérer l'essai commencé en 1873 comme une création féconde, qui mérite d'être soutenue et développée.

Ce résumé succinct suffit à faire apprécier l'importance des améliorations qui ont été réalisées aux Barres et l'intérêt qui s'attache au développement de cet établissement de l'État dans les mains de l'Administration des Forêts.

ADMINISTRATION DES FORÊTS.

CATALOGUE

DES

VÉGÉTAUX LIGNEUX INDIGÈNES ET EXOTIQUES

EXISTANT

SUR LE DOMAINE DES BARRES-VILMORIN.

(La classification des familles est celle d'Adr. de Jussieu.)

CAPRIFOLIACÉES.

1. LONICERA CAPRIFOLIUM. Lin. [Chèvrefeuille des jardins]. — Indigène.

Arboretum, pelouse VIII.

Dans le même massif se trouvent quelques variétés sans importance.

2. WEIGELIA ROSEA. Lind. [Weigelie rose].

Arboretum, pelouses I et XI.

3. SYMPHORICARPOS RACEMOSA. Mich. [Symphorine à fruits blancs]. — Amérique du Nord.

Arboretum, pelouses I et XI.

On trouve aussi cet arbuste en très-grande quantité dans le massif, derrière la maison d'habitation.

4. SAMBUCUS NIGRA. Lin. [Sureau noir]. — Indigène.

Parc (hauteur : 6 mètres ; circonférence : 40 centimètres). — Arboretum, pelouses V et IX.

5. *Viburnum tinus*. Lin. [Viorne tin, Laurier tin]. — France méridionale.

Arboretum, pelouse IV.

6. ——— *lantana*. Lin. [Viorne mancienne]. — Indigène.

Arboretum, pelouse V.

7. ——— *opulus*. Lin. [Viorne obier, Sureau d'eau]. — Indigène.

Arboretum, pelouse IV.

SOLANÉES.

8. *Solanum dulcamara*. Lin. [Morelle douce amère]. — Indigée.

Arboretum, pelouse II.

PERSONÉES.

9. *Paulownia imperialis*. Sieb. et Zucc. [Paulownia impérial]. — Japon.

Potager (deux pieds de 12 mètres de hauteur et de 1^m,70 de circonférence).

BIGNONIACÉES.

10. *Catalpa bignonioïdes*. Walt. — *Bignonia catalpa*. Lin. [Catalpa de la Caroline]. — Amérique du Nord : Floride occidentale.

Parc (hauteur : 6 mètres ; circonférence : 1 mètre).

Bois blanc et léger, sans valeur.

11. ——— *Bungei*. C. A. Meyer. [Catalpa nain de Bunge]. — Chine.

Arboretum, pelouses I et XIV.

VERBÉNACÉES.

12. *Vitex agnus castus*. Lin. [Gattilier agneau chaste]. — France méridionale.

Arboretum, pelouses X et XI.

ÉBÉNACÉES.

13. DIOSPYROS VIRGINIANA. Lin. [Plaqueminier de Virginie]. — Amérique du Nord : Pensylvanie, Maryland, Virginie, Louisiane.
> *Ancienne Pépinière* (deux pieds de 4 mètres de hauteur et de 30 centimètres de circonférence). — *Arboretum*, pelouse X.

Malgré les qualités de son bois, qui est très-dur et propre aux mêmes usages que le Frêne et l'Orme, cet arbre présente peu d'intérêt à cause de la lenteur de sa croissance. Aux Barres, sa végétation est entravée par la rigueur du climat; il réussirait sans doute mieux dans le Midi; mais son introduction serait sans utilité, puisqu'on y trouve déjà le Plaqueminier d'Europe (*Diospyros lotus*, Lin.) qui a les mêmes qualités et aussi les mêmes défauts.

ILICINÉES.

14. ILEX AQUIFOLIUM. Lin. [Houx commun]. — France centrale et méridionale.
> *Arboretum*, pelouse XIV.

15. ——— AQUIFOLIUM FEROX. Ait. [Houx hérissé].
> *Arboretum*, pelouse XIV.

OLÉINÉES.

16. PHILLYREA ANGUSTIFOLIA. Lin. [Philaria à feuilles étroites]. — France méridionale.
> *Arboretum*, pelouses IV et V.

17. ——— LATIFOLIA. Lin. [Philaria à larges feuilles]. — Corse, Algérie.
> *Parc* (un rejet de 1 mètre et un plant de 4 mètres de hauteur).

18. LIGUSTRUM VULGARE. Lin. [Troëne commun]. — Indigène.
> *Arboretum*, pelouse I.

19. FRAXINUS EXCELSIOR. Lin. [Frêne commun]. — Indigène.
> *Arboretum*, pelouses V, VI et XIV.

20. *Fraxinus excelsior australis*. Gr. et Godr. — *Fraxinus australis*. Gay. [Frêne austral]. — Région méditerranéenne.

Jeunes plants en pépinière.

21. ——— *excelsior pendula*. [Frêne pleureur].

Arboretum, pelouses IX et XIV.

22. ——— *oxyphylla*. Bieb. [Frêne oxyphylle]. — France méridionale.

Arboretum, pelouse V.

23. ——— *dimorpha*. Coss. et Dur. [Frêne dimorphe]. — Algérie.

Jeunes plants en pépinière.

Ce Frêne vient mal aux Barres, où ses plants sont rabougris.

24. ——— *americana*. Lin. [Frêne blanc d'Amérique]. — Amérique du Nord : États-Unis septentrionaux, Canada.

Ancienne Pépinière (hauteur : 7 mètres; circonférence : 30 centimètres). — *Arboretum*, pelouse IX.

En Amérique, ce Frêne est un bel arbre à croissance rapide, et dont le bois possède des qualités de premier ordre; on l'emploie dans la carrosserie et le charronnage, ainsi que pour la confection des manches d'outils. On en fait même du merrain pour conserver les salaisons.

Le Frêne blanc a été introduit depuis longtemps en Europe, où il croît vigoureusement. Le jardin de Trianon en possède un de 25 mètres de hauteur. Il vient mal aux Barres, où il ne trouve pas dans le sol une humidité suffisante.

Quant au bois des pieds venus en Europe, il n'est pas encore connu.

L'introduction de cet arbre dans nos forêts ne présenterait pas de grands avantages, parce qu'il ne peut s'élever en massif et que, pour bien végéter, il réclame tout spécialement des sols humides. D'ailleurs notre Frêne commun (*Fr. excelsior*, Lin.), qui a les mêmes exigences, donne aussi un excellent bois qui doit être au moins égal à celui de son congénère d'Amérique. Celui-ci mériterait cependant d'être plus répandu qu'il ne l'est dans les parcs et les plantations des routes, car ses feuilles sont moins fréquemment attaquées par les cantharides que celles du Frêne commun.

25. *Fraxinus ornus.* Lin. [Frêne à fleurs]. — Europe méridionale.

Arboretum, pelouses VIII et IX.

Il est assez répandu en Espagne; les promenades de Cadix en renferment un grand nombre.

26. *Syringa vulgaris.* Lin. [Lilas commun]. — Orient, Europe.

Parc. — *Arboretum*, pelouse XI.

27. —— *vulgaris*, var. *purpurea grandiflora.* [Lilas de Charles X].

Parc et massifs de l'*Arboretum*.

28. —— *vulgaris persica.* [Lilas de Perse]. — Perse.

Parc et massifs de l'*Arboretum*.

STYRACÉES.

29. *Halesia tetraptera.* Lin. [Halésia à quatre ailes]. — Amérique du Nord : Caroline, Floride.

Ancienne Pépinière (cinq cépées de 4 mètres de hauteur et 25 centimètres de circonférence).

ÉRICINÉES.

30. *Arbutus unedo.* Lin. [Arbousier commun]. — Littoral de la Méditerranée.

Arboretum, pelouses I et II.

CÉLASTRINÉES.

31. *Evonymus Europæus.* Lin. [Fusain d'Europe]. — Indigène.

Arboretum, pelouses I, XI et XIV.

32. —— *latifolius.* Scop. [Fusain à larges feuilles]. — Midi de la France.

Arboretum, pelouse XI.

RHAMNÉES.

33. *Rhamnus alaternus*. Lin. [Nerprun alaterne]. — Indigène.
Arboretum, pelouses IX et XIV.

34. *Frangula vulgaris*. Reichb. [Bourdaine commune, Bourgène]. — Indigène.
Arboretum, pelouses I, II et XIV.

Jeunes plants en pépinière.

ARALIACÉES.

35. *Aralia spinosa*. Lin. [Aralia épineux]. — Amérique du Nord.
Arboretum, pelouse X.

L'écorce de cet arbuste est sudorifique et dépurative.

CORNÉES.

36. *Cornus mas*. Lin. [Cornouiller mâle]. — Indigène.
Arboretum, pelouses XI et XII (deux pieds de 3 mètres de hauteur).

37. —— *sanguinea*. Lin. [Cornouiller sanguin]. — Indigène.
Arboretum, pelouses IX et XII.

38. —— *florida*. Lin. [Cornouiller à fleurs, Bois de chien, Dogwood]. — Amérique du Nord : Maryland, Pensylvanie.
Ancienne Pépinière.

Aux États-Unis, où il atteint quelquefois 10 et 12 mètres de hauteur, cet arbuste est employé aux mêmes usages que notre Cornouiller mâle, dont il a les qualités.

PHILADELPHÉES.

39. *Deutzia crenata*. Sieb. et Zucc. [Deutzie crénelé]. — Japon.
Arboretum, pelouses I et XI.

Les mêmes massifs renferment aussi quelques autres variétés des horticulteurs.

CALYCANTHÉES.

40. CALYCANTHUS FLORIDUS. Dec., var. macrophyllus. [Calycanthe à grandes feuilles]. — Amérique du Nord.

Arboretum, pelouse XIII.

POMACÉES.

41. CYDONIA VULGARIS. Pers. [Coignassier commun]. — Originaire de l'Orient.

Arboretum, pelouse I.

42. PIRUS JAPONICA. [Coignassier du Japon]. — Japon.

Arboretum, pelouses I, IV et IX.

43. SORBUS ARIA. Crantz. [Alisier blanc, Allouchier]. — Indigène.

Arboretum, pelouse I.

44. ——— AUCUPARIA. Lin. [Sorbier des oiseleurs]. — Indigène.

Arboretum, pelouse XI.

45. ——— DOMESTICA. Lin. [Sorbier domestique, Cormier]. — Indigène.

Ancienne Pépinière (hauteur : 12 mètres; circonférence : 50 centimètres). — Cailloutière (hauteur : 10 mètres; circonférence : 1^m,80). — Sables-Rouges (hauteur : 16 mètres; circonférence : 2^m,50). — Pépinière du Verger (deux pieds : l'un de 8 mètres de hauteur et de 60 centimètres de circonférence, et l'autre de 12 mètres de hauteur et de 80 centimètres de circonférence).

46. ——— DOMESTICA, var. à gros fruits.

Ancienne Pépinière (hauteur : 6 mètres; circonférence : 60 centimètres).

47. COTONEASTER VULGARIS. Lindl. [Cotoneaster commun]. — Indigène.

Arboretum, pelouses I et IV.

48. AMELANCHIER VULGARIS. Mœnch. [Amelanchier commun]. — Indigène.

Arboretum, pelouse I.

49. CRATÆGUS AZAROLUS. Lin. [Aubépine azerolier]. — Région méditerranéenne.
Arboretum, pelouse I.

50. —— AZAROLUS, var. *à fleurs doubles*.
Ancienne Pépinière. — *Arboretum*, pelouse XI.

51. —— LATIFOLIA. D. C. [Alisier de Fontainebleau]. — Indigène.
Arboretum, pelouses II et XI.

ROSACÉES.

52. ROSA CANINA. Lin. [Rosier des chiens, Églantier]. — Indigène.
Arboretum, pelouse I.

53. AMYGDALUS COMMUNIS. Lin. [Amandier commun]. — France méridionale.
Arboretum, pelouse I.

54. PRUNUS DOMESTICA, var. *myrobolana*. Lin. [Prunier mirobolan, Cerisette]. — Europe méridionale.
Ancienne Pépinière (hauteur : 7 mètres; circonférence : $1^m,40$).

Recherché pour la greffe de l'Amandier et du Prunier.

55. CERASUS AVIUM. Mœnch. [Cerisier merisier]. — Indigène.
Ancienne Pépinière (hauteur : 8 mètres; circonférence : 60 centimètres).

56. —— MAHALEB. Mill. [Cerisier Mahaleb, Bois de Sainte-Lucie]. — Indigène.
Bois des Bergères (hauteur : 8 mètres; circonférence : 60 centimètres).

57. —— PADUS. D. C. [Cerisier à grappes]. — Indigène.
Ancienne Pépinière (hauteur : 12 mètres; circonférence : 60 centimètres). — *Arboretum*, pelouses I et XIV.

58. —— LUSITANICA. Loisel. [Cerisier Azarero, Laurier de Portugal]. — Portugal, Canaries.
Parc (deux touffes de 1 mètre de hauteur). — *Arboretum*, pelouse V (hauteur : 1 mètre).

59. Cerisier à fleurs doubles.

Ancienne Pépinière (hauteur : 11 mètres; circonférence : 60 centimètres). — *Parc* (hauteur : 13 mètres; circonférence : 2^m,10). — *Arboretum*, pelouse I.

C'est un magnifique arbre d'ornement. Au mois de mai, il se charge d'une quantité innombrable de belles fleurs du blanc le plus pur. Le pied qui se trouve derrière la maison d'habitation ressemble, au printemps, à un immense bouquet de 10 mètres de hauteur sur 7 à 8 mètres de largeur. Planté au milieu d'une pelouse, le Cerisier à fleurs doubles produit un effet splendide.

LÉGUMINEUSES. — CÉSALPINÉES.

60. Cercis siliquastrum. Lin. [Gaînier, Arbre de Judée]. — Région méditerranéenne.

Arboretum, pelouses VII et X.

61. Gleditschia triacanthos. Lin. [Gleditschia, Février d'Amérique]. — Amérique du Nord : Kentucky, Tennessee, etc.

Ancienne Pépinière (hauteur : 15 mètres; circonférence : 80 centimètres). — *Parc* (hauteur : 20 mètres; circonférence : 1^m,50). — *Arboretum*, pelouse X. — Haie entre la *Pépinière du Verger* et le *Bois des Bergères*.

Son bois ressemble beaucoup à celui du Robinier et peut servir aux mêmes usages. Cette essence végète et fructifie bien dans toute la France. Le jeune plant est très-rustique et s'élève facilement en pépinière, comme celui du Robinier. Le *Gleditschia*, soumis à une taille convenable, forme d'excellentes haies.

62. Gymnocladus Canadensis. Lamk. [Gymnoclade, Bonduc, Chicot du Canada]. — Amérique du Nord : Canada, Kentucky, Tennessee, etc.

Arboretum, pelouse I.

Arbre peu répandu, bien qu'il soit introduit en Europe depuis le milieu du siècle dernier. Son bois possède en Amérique d'excellentes qualités. Il végète avec vigueur dans nos climats, car le Bosquet de la Reine et le Jardin du Roi à Versailles en renferment deux pieds qui ont l'un 25 mètres et l'autre 35 mètres de hauteur.

LÉGUMINEUSES. — PAPILIONACÉES.

63. *Virgilia lutea.* Michx. [Virgilia jaune, Cladrastis des teinturiers]. — Amérique du Nord : Tennessee.

>*Parc* (hauteur : 9 mètres; circonférence : 50 centimètres). — *Arboretum*, pelouse VII.

Arbre de deuxième grandeur, qui ne dépasse pas 12 à 13 mètres de hauteur. Son bois est jaune et communique cette couleur à l'eau, même à froid.

64. *Sophora Japonica.* Lin. [Sophora du Japon]. — Asie orientale.

>*Arboretum*, pelouse VIII.

65. *Coronilla emerus.* Lin. [Coronille arbrisseau]. — Indigène.

>*Arboretum*, pelouse IV.

Cet arbrisseau paraît être très-recherché par les lapins, qui en coupent pendant l'hiver toutes les pousses de l'année aussi haut qu'ils peuvent atteindre. Quelques pieds placés dans l'Arboretum, à peu de distance du massif des Chênes de Banister, sont ainsi élagués chaque année aussi complètement et aussi nettement que par le sécateur d'un jardinier.

66. *Colutea arborescens.* Lin. [Baguenaudier arborescent]. — Indigène.

>*Arboretum*, pelouses VII et XII.

67. *Caragana altagana.* Poir. [Acacia de Sibérie]. — Asie septentrionale.

>*Arboretum*, pelouses VI et VII.

68. *Robinia pseudo-acacia.* Lin. [Robinier faux acacia]. — Amérique du Nord.

>*Ancienne Pépinière* (cinq arbres de 22 mètres de hauteur et de 2 mètres de circonférence). — *Arboretum*, pelouse VII.

69. ——— *pseudo-acacia spectabilis.* [Acacia remarquable].

>*Cailloutière* (huit lignes, de 12 mètres de hauteur et de 60 centimètres de circonférence, mélangées de Pins Laricios de Calabre et de Pins Sylvestres).

70. ROBINIA PSEUDO-ACACIA DECAISNIANA. [Acacia de Decaisne].

Arboretum, pelouse VII.

71. ——— VISCOSA. Vent. [Acacia visqueux]. — Amérique du Nord : Georgie, Caroline.

Ancienne Pépinière (massif de neuf pieds très-mal venants).

Arbre de deuxième grandeur, sans utilité au point de vue forestier, mais d'un bon effet pour l'ornementation.

72. ——— HISPIDA. Lin. [Acacia rose]. — Amérique du Nord.

Ancienne Pépinière (massif mal venant).

73. AMORPHA FRUTICOSA. Lin. [Amorphe frutescent]. — Amérique du Nord.

Arboretum, pelouse VII.

74. CYTISUS LABURNUM. Lin. [Cytise faux-ébénier]. — Indigène.

Ancienne Pépinière (hauteur : 8 mètres; circonférence : 40 centimètres).
Arboretum, pelouse VII.

75. ——— ALPINUS. Mill. [Cytise des Alpes]. — Indigène.

Arboretum, pelouse XII.

76. SAROTHAMNUS VULGARIS. Wimmer. [Sarothamne commun, Genêt à balais]. — Indigène.

Tout le domaine.

77. SPARTIUM JUNCEUM. Lin. [Spartier d'Espagne, Genêt d'Espagne]. — France méridionale.

Arboretum, pelouse VII (hauteur : 3 mètres).

TÉRÉBINTHACÉES.

78. RHUS COTINUS. Lin. [Sumac fustet, Arbre à perruque]. — Indigène.

Arboretum, pelouse XIV.

79. ——— CORIARIA. Lin. [Sumac des corroyeurs, Vinaigrier]. — Indigène.

Ancienne Pépinière (hauteur : 4 mètres). — Arboretum, pelouse XIV.

MÉLIACÉES.

80. *Melia azedarach*. Lin. [Mélia azédarach, Margousier]. — Originaire de l'Asie.
Arboretum, pelouse IV.

ACÉRINÉES.
I. — ÉRABLES D'EUROPE.

81. *Acer pseudo-platanus*. Lin. [Érable sycomore].
Ancienne Pépinière. — *Arboretum*, pelouses V et XIV.

82. —— *opulifolium*. Villars. [Érable à feuilles d'obier]. — Midi de la France.
Parc (hauteur : 10 mètres; circonférence : 50 centimètres).

83. —— *platanoïdes*. Lin. [Érable plane].
Arboretum, pelouses X et XIV.

84. —— *campestre*. Lin. [Érable champêtre].
Ancienne Pépinière (hauteur : 12 mètres; circonférence : 1 mètre). — Parc (hauteur : 9 mètres; circonférence : 60 centimètres).

85. —— *Monspessulanum*. Lin. [Érable de Montpellier]. — Midi de la France.
Ancienne Pépinière. — *Arboretum*, pelouse X.

86. —— *Neapolitanum*. Lin. [Érable de Naples].
Ancienne Pépinière (deux pieds de 6 mètres de hauteur et de 50 centimètres de circonférence, et un massif de cinq cépées de 8 mètres de hauteur et de 50 centimètres de circonférence). — Parc (hauteur : 12 mètres; circonférence : 1 mètre).— *Arboretum*, pelouse XI.

II. — ÉRABLES D'AMÉRIQUE.

87. *Acer Pensylvanicum*. Lin. — *Acer striatum*. Lamk. [Érable de Pensylvanie; Érable jaspé].— Amérique du Nord : Maine, Nouvelle-Écosse, etc.
Arboretum, pelouse X.

88. ACER MACROPHYLLUM. Pursh. [Érable à grandes feuilles].

Arboretum, pelouse X.

89. —— ERIOCARPUM. Michx. [Érable blanc]. — Amérique du Nord : Ohio.

Arboretum, pelouse X.

Cet Érable aime les sols frais et même humides, mais non marécageux. Il se plaît au bord des ruisseaux, où sa végétation est assez rapide. C'est un arbre de deuxième grandeur, dont le bois est très-blanc et sans qualités.

90. —— RUBRUM. Lin. [Érable rouge]. — Amérique du Nord : Canada, Floride, basse Louisiane.

Arboretum, pelouse VIII.

Il a les mêmes exigences que le précédent, mais il atteint de plus grandes dimensions; son bois s'emploie dans l'ébénisterie; mais il pourrit facilement quand il est exposé aux alternatives de sécheresse et d'humidité.

91. —— NEGUNDO. Lin. [Érable à feuilles de Frêne, Érable negundo]. — Amérique du Nord : Virginie, Caroline.

Arboretum, pelouses X, XI et XIV.

92. —— NEGUNDO, À FEUILLES PANACHÉES.

Arboretum, pelouses VIII, X et XI.

93. —— NEGUNDO CALIFORNICUM. Hook. [Érable de Californie].

Arboretum, pelouse VIII.

HIPPOCASTANÉES.

94. ÆSCULUS HIPPOCASTANUM. Lin. [Marronnier d'Inde]. — Originaire de l'Asie.

Parc (hauteur : 15 mètres; circonférence : 1^m,40). — *Arboretum*, pelouse XIV (trois pieds).

95. PAVIA LUTEA. Poir. [Pavia jaune]. — Amérique du Nord : Caroline, Georgie.

Parc (hauteur : 3 mètres). — *Arboretum*, pelouse I.

96. *Pavia Michauxi*. Spach. [Pavia de Michaux].

Arboretum, pelouse X.

On trouve dans le même massif plusieurs autres variétés.

SAPINDACÉES.

97. *Koelreuteria paniculata*. Lamk. [Savonnier paniculé]. — Chine.

Ancienne Pépinière (hauteur : 2 mètres).

TILIACÉES.

98. *Tilia grandifolia*. Ehrh. [Tilleul à grandes feuilles]. — Indigène.

Arboretum, pelouses V et VI.

99. —— *argentea* Hort. [Tilleul argenté]. — Hongrie.

Ancienne Pépinière (hauteur : 12 mètres; circonférence : $2^m,15$). — *Arboretum*, pelouse VI.

100. —— *americana*. Lin. — *Tilia glabra*. Vent. [Tilleul d'Amérique]. — Amérique du Nord : Canada, Nord des États-Unis.

Parc (hauteur : 14 mètres; circonférence : 70 centimètres).

Très-voisin, sous tous les rapports, du Tilleul d'Europe.

SIMARUBÉES.

101. *Ailantus glandulosa*. Desf. [Ailante, Vernis du Japon]. — Chine.

Parc (hauteur : 15 mètres; circonférence : $1^m,10$). — *Arboretum*, pelouse VIII (trois pieds).

BERBÉRIDÉES.

102. *Berberis vulgaris*. Lin. [Épine-vinette commune]. — Indigène.

Arboretum, pelouse VI.

103. BERBERIS VULGARIS PURPUREA. [Épine-vinette à feuilles pourpres].

Arboretum, pelouse VI.

104. —— WALLICHIANA. Dec. [Épine-vinette de Wallich].

Arboretum, pelouse VI.

105. MAHONIA AQUIFOLIUM. Nutt. [Mahonia à feuilles de houx]. — Amérique du Nord.

Arboretum, pelouse VI.

106. —— JAPONICA. [Mahonia du Japon].

Arboretum, pelouse VI.

MAGNOLIACÉES.

107. MAGNOLIA GRANDIFLORA. Lin. [Magnolier à grandes fleurs, Laurier tulipier]. — Amérique du Nord.

Arboretum, pelouse XI.

En Amérique, c'est un grand et bel arbre qui peut atteindre jusqu'à 30 mètres de hauteur. Le Jardin Public de Bordeaux en possède un planté dans le voisinage du kiosque de la musique et qui a environ 15 à 18 mètres de hauteur et 1 mètre au moins de circonférence.

Le *Magnolia* prospère surtout dans les terrains frais et même humides; il demande un sol meuble, profond et substantiel.

108. —— ACUMINATA. Lin. [Magnolia acuminata]. — Amérique du Nord : Nord de l'Hudson.

Ancienne Pépinière (hauteur : 8 mètres; circonférence : 60 centimètres). — *Parc.*

Il est connu aux États-Unis sous le nom d'arbre à concombres (*cucumber tree*) : ce nom lui vient de ce que son fruit, quand il est vert, a quelque ressemblance avec un cornichon. Son bois n'a pas de qualités. Le *Magnolia acuminata* n'est donc qu'un arbre d'ornement; ses feuilles, plus nombreuses que celles du *grandiflora*, et ses fleurs sont d'un assez bel effet. Bien qu'il ne prospère que dans les sols frais, profonds et riches, il paraît cependant beaucoup moins exigeant que le précédent, car il végète assez bien aux Barres, malgré l'aridité du terrain.

109. *Liriodendron tulipifera*. Lin. [Tulipier]. — Amérique du Nord : Kentucky.

<small>Ancienne Pépinière (quatre pieds de 14 à 19 mètres de hauteur et de 80 centimètres à 1 mètre de circonférence).</small>

Cet arbre, introduit en Europe depuis plus d'un siècle, est très-répandu dans les jardins et dans les parcs; il mériterait de l'être dans les forêts. Il végète, en effet, très-bien non-seulement dans les terrains frais, qu'il préfère, mais même dans les sols secs, où sa croissance est assez rapide. Il remplacerait avantageusement la plupart de nos essences secondaires; son bois, quoique léger, est, en effet, plus résistant que celui du Peuplier, de l'Aune, du Tilleul, etc., et il est propre à une infinité d'usages.

TAMARISCINÉES.

110. *Tamarix Germanica*. Lin. — *Myricaria Germanica*. Desv. [Tamarix d'Allemagne, Myricaire d'Allemagne]. — Midi de la France.

<small>*Arboretum*, pelouse XIV.</small>

111. ———— *Indica*. Wild. [Tamarix de l'Inde]. — Inde orientale.

<small>*Arboretum*, pelouse XIV.</small>

THYMÉLÉES.

112. *Daphne laureola*. Lin. [Daphné lauréole]. — Indigène.

<small>Disséminé dans les massifs autour de la maison d'habitation.</small>

ÉLÉAGNÉES.

113. *Hippophae rhamnoides*. Lin. [Hippophaë rhamnoïde, Argousier, Faux Nerprun, Saule épineux]. — Indigène.

<small>*Arboretum*, pelouse XI.</small>

114. *Eleagnus angustifolia*. Lin. [Chalef à feuilles étroites, Olivier de Bohême]. — Europe méridionale, Asie occidentale.

<small>*Arboretum*, pelouses I et IV.</small>

BUXINÉES.

115. BUXUS ARBORESCENS. Mill. [Buis en arbre].

Arboretum, pelouse I.

ULMACÉES.

116. ULMUS AMERICANA. W. [Orme blanc d'Amérique]. — Amérique du Nord.

Glandée d'Amérique (une ligne le long du chemin de la *Grande-Jument*; hauteur : 6 mètres; circonférence : 60 centimètres).

Cette ligne d'Ormes est en mauvais état, ce qui n'a rien d'étonnant, puisque cet arbre aime les sols frais et profonds qu'il ne peut trouver ici. Son bois, même en Amérique, est inférieur à celui de notre Orme champêtre.

117. ULMUS CAMPESTRIS. Smith. [Orme champêtre, Orme rouge]. — Indigène.

Arboretum, pelouse VIII.

118. —— MONTANA. Smith. [Orme de montagne, Orme blanc]. — Indigène.

Arboretum, pelouse IX.

119. PLANERA CRENATA. Desf. [Planera crénelé]. — Crète, Turquie, Asie occidentale.

Ancienne Pépinière (un plant venu de graine, hauteur : 4 mètres; circonférence : 30 centimètres, et deux pieds greffés sur Orme; hauteur : 11 mètres, circonférence : 80 centimètres).

Bois extrêmement dur, propre au charronnage. Il serait peut-être avantageux de propager cette essence dans les forêts de la Provence.

CELTIDÉES.

120. CELTIS AUSTRALIS. Lin. [Micocoulier de Provence]. — Région méditerranéenne.

Glandée d'Amérique. — *Arboretum*, pelouse VI.

121. CELTIS OCCIDENTALIS. Lin. [Micocoulier de Virginie]. — Amérique du Nord.

Glandée d'Amérique.

MORÉES.

122. MORUS ALBA. Lin. [Mûrier blanc]. — Originaire de la Chine.

Ancienne Pépinière (deux pieds de 8 mètres de hauteur et de 50 centimètres de circonférence). — *Arboretum*, pelouses X et XI.

123. MACLURA AURANTIACA. Nutt. [Maclura bois d'arc, Oranger des Osages]. — Amérique du Nord : Mississipi.

Ancienne Pépinière. — *Arboretum*, pelouses IX et XIV (trois pieds de 4 mètres de hauteur et de 40 centimètres de circonférence).

Tous les pieds énumérés ci-dessus sont femelles. Les Indiens se servent du *Maclura*, qui est flexible et élastique, pour faire des arcs. Le fruit de cet arbre a la grosseur et la couleur jaune d'une petite orange.

PLATANÉES.

124. PLATANUS ORIENTALIS. Lin. [Platane d'Orient]. — Originaire de l'Orient.

Arboretum, pelouses V et VI.

125. ——— OCCIDENTALIS. Lin. [Platane d'Occident]. — Amérique du Nord.

Arboretum, pelouse XIV.

SALICINÉES.

126. SALIX VIMINALIS. Lin. [Saule viminal]. — Indigène.

Arboretum, pelouse V.

127. ——— CAPRÆA. Lin. [Saule marceau]. — Indigène.

Répandu sur tout le domaine.

128. ——— NIGRA. Mich. [Saule noir]. — Amérique du Nord : Centre.

Arboretum, pelouse V.

129. *Populus alba*. Lin. [Peuplier blanc de Hollande]. — Indigène.

<blockquote>Un pied auprès de l'*Étang* (hauteur : 25 mètres ; circonférence : 1^m,20).</blockquote>

130. ——— *lævigata*. Lin. [Peuplier d'Athènes]. — Orient.

<blockquote>Ancienne Pépinière (deux arbres de 13 mètres de hauteur et de 95 centimètres de circonférence). — *Arboretum*, pelouse XIV.</blockquote>

131. ——— *angulata*. Mich. [Peuplier de la Caroline].— Amérique du Nord : Caroline, Georgie, Louisiane.

<blockquote>*Arboretum*, pelouse XIV.</blockquote>

JUGLANDÉES.

132. *Juglans regia*. Lin. [Noyer commun]. — Indigène.

<blockquote>Parc (hauteur : 10 mètres ; circonférence : 60 centimètres).</blockquote>

133. ——— *regia heterophylla*. [Noyer hétérophylle].

<blockquote>Pépinière du Verger (hauteur : 7 mètres ; circonférence : 70 centimètres).</blockquote>

134. ——— *nigra*. Lin. [Noyer noir]. — Amérique du Nord : Ohio, Kentucky.

<blockquote>Ancienne Pépinière (une ligne, de 12 mètres de hauteur et de 70 centimètres de circonférence, et un arbre de 23 mètres de hauteur et de 80 centimètres de circonférence). — Pépinière du Verger (deux pieds de 12 mètres de hauteur et de 60 centimètres de circonférence).— *Arboretum*, pelouse XIV.</blockquote>

135. ——— *cathartica*. Mich. — *Jaglans cinerea*. Lin. [Noyer cathartique].— Amérique du Nord.

<blockquote>Ancienne Pépinière (hauteur : 11 mètres ; circonférence : 70 centimètres). — *Arboretum*, pelouse XI.</blockquote>

<blockquote>Il végète avec vigueur ; mais son bois, beaucoup plus léger que celui du Noyer noir, n'a que peu de valeur.</blockquote>

136. ——— *olivæformis*. Mich. [Noyer pacane, Pacanier]. — Amérique du Nord : Louisiane, Missouri, Illinois.

<blockquote>Pépinière du Verger (hauteur : 12 mètres ; circonférence : 60 centimètres).</blockquote>

Sans intérêt au point de vue forestier. Sa noix, qui est comestible, a un goût délicat.

137. JUGLANS AMARA. Mich. [Noyer amer]. — Amérique du Nord : New-Jersey, Pensylvanie, Illinois.

<small>Ancienne Pépinière (hauteur : 12 mètres; circonférence : 60 centimètres). — Arboretum, pelouse XI (un pied de 9 mètres de hauteur et de 60 centimètres de circonférence).</small>

Son bois, bien que supérieur à celui du Noyer cathartique, n'a pas beaucoup de qualité.

138. ———— ALBA. Mich. — Juglans tomentosa. Mich. [Noyer blanc]. — Amérique du Nord.

<small>Ancienne Pépinière (une ligne de cépées, de 7 mètres de hauteur et de 30 centimètres de circonférence).</small>

Ce Noyer fournit un bois d'excellente qualité, très-fin et très-doux à travailler, mais malheureusement sujet à la vermoulure. Le Noyer blanc prospère surtout dans les sols humides; aussi sa végétation est-elle peu satisfaisante aux Barres.

139. ———— ALBA; À TRÈS-LARGES FEUILLES.

<small>Ancienne Pépinière (hauteur : 6 mètres; circonférence : 30 centimètres). — Arboretum, pelouse XI.</small>

140. ———— PORCINA. Nutt. [Noyer à porc]. — Amérique du Nord : Centre des États-Unis.

<small>Ancienne Pépinière (hauteur : 13 mètres; circonférence : 1 mètre). — Arboretum, pelouse XI.</small>

C'est, avec le *Juglans nigra*, le Noyer d'Amérique qui a la végétation la plus active. Il est au moins égal au *Juglans alba* au point de vue de la qualité du bois.

A l'exception du *Juglans nigra* et du *Juglans porcina*, les Noyers d'Amérique présentent peu d'intérêt pour les forestiers. Ils exigent en effet, pour prospérer, des sols frais et riches où nos essences précieuses indigènes donnent des produits de premier ordre, supérieurs et en tous cas au moins égaux à ceux des Noyers.

CUPULIFÈRES.

141. *Fagus sylvatica.* Lin. [Hêtre commun]. — Indigène.

<blockquote>Ancienne Pépinière (hauteur : 14 mètres; circonférence : 1^m,40). — Sables-Paillenne (le long de l'*Allée du Puits*).</blockquote>

142. ——— *sylvatica purpurea.* [Hêtre pourpre].

<blockquote>*Arboretum*, pelouses I et IV.</blockquote>

143. *Castanea vulgaris.* Lam, [Châtaignier commun]. — Indigène.

<blockquote>*Cailloutière* (quatre lignes de têtards). — *Côte des Genêts* (taillis le long de la route de Lyon). — *Enclos des Pins* (taillis mélangé de Bouleaux).</blockquote>

144. ——— *vulgaris heterophylla.* [Châtaignier hétérophylle].

<blockquote>Ancienne Pépinière (hauteur : 4 mètres; circonférence : 30 centimètres).</blockquote>

145. ——— *pumila.* Mill. [Châtaignier chincapin]. — Amérique du Nord : Virginie, Caroline, Georgie, Tennessee, etc.

<blockquote>Pépinière du Verger (hauteur : 6 mètres; circonférence : 80 centimètres).</blockquote>

CHÊNES D'EUROPE.

146. *Quercus pedunculata.* Ehrh. [Chêne pédonculé].

<blockquote>En mélange dans les massifs avec le Chêne rouvre.</blockquote>

147. ——— *pedunculata pyramidalis.* [Chêne pyramidal]. — Basses-Pyrénées.

<blockquote>Ancienne Pépinière (massif de huit arbres; hauteur : 17 mètres; circonférence : 1 mètre). — *Triangle des Sables-Paillenne* (une ligne le long du chemin). — *Pépinière du Verger* (deux pieds de 14 mètres de hauteur et de 1^m,20 de circonférence).</blockquote>

148. ——— *pedunculata, à feuilles pétiolées.*

<blockquote>*Glandée d'Amérique* (une ligne). — *Parc* (un pied de 20 mètres de hauteur et de 1^m,20 de circonférence).</blockquote>

149. ——— *sessiliflora.* Smith. [Chêne rouvre].

<blockquote>En mélange dans les massifs avec le Chêne pédonculé.</blockquote>

150. Quercus sessiliflora à feuilles planes.
>> Glandée d'Amérique (une ligne).

151. ——— sessiflora glomerata. Lam. [Chêne à trochets].
>> Glandée d'Amérique (une ligne).

152. ——— sessiliflora laciniata. Lam. [Chêne rouvre à feuilles laciniées].
>> Glandée d'Amérique (une ligne).

153. ——— sessiliflora pubescens. — *Quercus pubescens*. Wild. [Chêne pubescent]. — Midi de la France.
>> Glandée d'Amérique (dix pieds).

154. ——— tozza. Bosc. [Chêne tauzin]. — Landes et Sud-Ouest de la France.
>> Ancienne Pépinière (hauteur : 12 mètres; circonférence : 1^m,10). — Glandée d'Amérique (une ligne, de 9 mètres de hauteur et de 50 centimètres de circonférence). — Côte des Genêts (taillis, de 4 mètres de hauteur). — Arboretum, pelouse X (hauteur : 8 mètres; circonférence : 50 centimètres).

Le taillis de la Côte des Genêts provient d'une plantation exécutée de 1830 à 1834 et qui renfermait douze lignes de Tauzins de Gien, dix-huit lignes et demie de Tauzins du Maine et cinq lignes et demie de Tauzins des Landes. Cette plantation périt tout entière pendant l'hiver rigoureux de 1871-1872, à l'exception d'un Tauzin du Maine qui reste encore debout. Elle a été recépée en 1872.

155. ——— cerris. Lin. [Chêne chevelu, Chêne cerris, Chêne de Bourgogne].
>> Ancienne Pépinière (un pied de 20 mètres de hauteur et de 2 mètres de circonférence). — Glandée d'Amérique (cinq lignes, de 12 mètres de hauteur et de 70 centimètres de circonférence). — Pépinière du Verger (trois pieds de 18 mètres de hauteur et de 1^m,60 de circonférence; dans le massif du Parc, près de la palissade, un pied de 17 mètres de hauteur et de 90 centimètres de circonférence). — Arboretum, pelouse I (hauteur : 12 mètres; circonférence : 50 centimètres).

Ce Chêne est un de ceux qui végètent le mieux aux Barres, et il fructifie abondamment tous les ans : on pourrait probablement l'employer avec profit pour le repeuplement en Chêne des mauvaises parties de la forêt d'Orléans. Malheureusement il est sujet à la gélivure, qui semble s'attaquer plus particulièrement aux arbres les plus beaux et les plus vigoureux.

156. Q*UERCUS CERRIS. LACINIATA*. [Chêne cerris à feuilles laciniées].

Ancienne Pépinière (hauteur : 6 mètres; circonférence : 60 centimètres). — *Glandée d'Amérique*. — *Pépinière de la Cailloutière* (deux pieds de 5 mètres de hauteur et de 30 centimètres de circonférence). — *Arboretum*, pelouse I.

157. ——— *PSEUDO-SUBER*. Reich. — *Quercus Fontanesii*. Guss. [Chêne faux-liége, Chêne de Fontanes]. — Provence, Algérie.

Ancienne Pépinière (hauteur : 6 mètres; circonférence : 60 centimètres). — *Glandée d'Amérique* (une ligne).

158. ——— *ILEX*. Lin. [Chêne yeuse]. — Midi de la France.

Arboretum, pelouse XIII.

159. ——— *ILEX ROTUNDIFOLIA*. [Chêne vert à feuilles rondes].

Ancienne Pépinière (une cépée de 4 mètres de hauteur provenant d'un pied gelé en 1871).

160. ——— *ILEX BALLOTA*. — *Quercus Ballota*. Desf. [Chêne Ballote]. — Algérie.

Pépinière du Verger (une cépée de 1 mètre de hauteur).

161. ——— *SUBER*. Lin. [Chêne-liége]. — France méridionale, Espagne, Algérie.

Ancienne Pépinière (huit cépées de 3 mètres de hauteur provenant de pieds gelés en 1871). — *Glandée d'Amérique* (une ligne de cépées, mélangée de quelques pieds de 5 mètres de hauteur et de 30 centimètres de circonférence). — *Potager* (un têtard de 6 mètres de hauteur et de 1^m,50 de circonférence). — *Arboretum*, pelouse I (une cépée).

CHÊNES D'AFRIQUE.

162. QUERCUS MIRBECKII. Durieux. [Chêne Zéen]. — Algérie.

<small>Ancienne Pépinière (une cépée de 2 mètres de hauteur). — Arboretum, pelouse I (une cépée).</small>

CHÊNES D'AMÉRIQUE.

163. ———— ALBA. Lin. [Chêne blanc]. — Amérique du Nord : Centre des États-Unis, Canada.

<small>Ancienne Pépinière (seize arbres sur deux lignes; hauteur : 12 mètres; circonférence : $1^m,25$). — Glandée d'Amérique (trois lignes en mauvais état). — Pépinière du Verger (hauteur : 9 mètres; circonférence : 60 centimètres). — Arboretum, pelouse XI.</small>

De tous les Chênes d'Amérique, le Chêne blanc est celui qui se rapproche le plus de notre Chêne pédonculé; son gland est cependant plus court, plus gros et plus rouge. Il vient mal aux Barres, où il a fleuri pour la première fois en 1877. Son bois, qui est de bonne qualité, est d'ailleurs inférieur à celui du Chêne pédonculé. Ce motif, joint au peu de vigueur de sa végétation, empêchera son introduction dans nos forêts.

164. ———— OLIVÆFORMIS. Mich. [Chêne à cupule chevelue].— Amérique du Nord : bords de l'Hudson, New-York.

<small>Jeunes plants en pépinière.</small>

165. ———— MACROCARPA. Mich. [Chêne à gros glands].— Amérique du Nord : Kentucky et Louisiane.

<small>Ancienne Pépinière (hauteur : 7 mètres; circonférence : 55 centimètres). — Glandée d'Amérique (cinq lignes en très-mauvais état, plantées en 1830-1836; hauteur : 5 mètres). — Pépinière du Verger (hauteur : 7 mètres; circonférence : 40 centimètres). — Arboretum, pelouse I.</small>

Cet arbre, qui atteint en Amérique une hauteur de 20 mètres, n'offre d'autre intérêt que la grosseur de son gland. Son bois est médiocre et sa végétation détestable.

166. ———— OBTUSILOBA. Mich. [Chêne à poteaux].— Amérique du Nord : Maryland, Virginie.

Ancienne Pépinière (massif de seize arbres de 8 mètres de hauteur et de 60 centimètres de circonférence). — *Cailloutière* (deux arbres de 6 mètres de hauteur et de 30 centimètres de circonférence). — *Glandée d'Amérique* (une ligne plantée en 1828-1830). — *Carré-Michaux* (un pied de 13 mètres de hauteur et de 80 centimètres de circonférence). — *Arboretum*, pelouses I et XI (trois pieds, dont un de 8 mètres de hauteur et de 40 centimètres de circonférence).

Chêne de seconde grandeur, puisqu'il ne dépasse guère, en Amérique, la hauteur de 15 mètres; bien qu'il vienne dans les terrains secs, sa végétation est ici peu satisfaisante, et il a un aspect misérable; cependant le pied qui se trouve dans le Carré-Michaux est un assez bel arbre, d'une apparence vigoureuse.

Le port du Chêne à poteaux est très-caractéristique; sa ramification se compose d'un fût toujours un peu tortueux, sur lequel s'étagent à intervalles presque réguliers des branches également tortueuses, assez fortes, dirigées horizontalement et très-noueuses; à chaque nœud se trouvent des bouquets de courtes ramilles, de sorte que les feuilles sont ramassées par pelotes et donnent un couvert très-léger. On ne saurait mieux le comparer qu'à un arbre qui vient d'être élagué suivant la méthode de M. des Cars.

167. QUERCUS LYRATA. Mich. [Chêne à glands renfermés]. — Amérique du Nord : Caroline, Georgie.

Ancienne Pépinière (hauteur : 6 mètres; circonférence : 30 centimètres). — *Pépinière du Verger* (hauteur : 3 mètres). — *Arboretum*, pelouse VII.

Ce Chêne vit, en Amérique, dans les grands marécages qui bordent les rivières, et il y atteint de fortes dimensions (3 mètres de circonférence et 25 mètres de hauteur). Dans le terrain sec des Barres, il vient mal et ne fructifie pas. Bien que son bois ne soit pas de premier ordre, il est cependant bien supérieur à celui des essences qui, dans nos climats, croissent ordinairement dans les marécages. On pourrait donc essayer de l'y introduire, mais seulement dans les endroits où le sol est profond.

168. ———— PRINUS DISCOLOR. Mich. [Chêne blanc de Swamps]. — Amérique du Nord : Centre des États-Unis.

Glandée d'Amérique (deux lignes plantées en 1828-1830; hauteur :

5 mètres; circonférence : 25 centimètres; l'un d'eux a cependant 8 mètres de hauteur et 40 centimètres de circonférence). — *Arboretum*, pelouse II (une touffe et six arbres de 6 mètres de hauteur).

Il est difficile de porter un jugement sur cet arbre, puisqu'il ne vit que dans les terrains bas et submergés où il atteint, en Amérique, de grandes dimensions : ici il est très-mal venant.

169. *Quercus prinus monticola*. Mich. [Chêne-Châtaignier des rochers]. — Amérique du Nord : Pensylvanie et Virginie.

Glandée d'Amérique (une ligne en mauvais état, de 4 mètres de hauteur et de 25 centimètres de circonférence). — *Carré-Michaux* (un pied de 12 mètres de hauteur et de 90 centimètres de circonférence). — *Arboretum*, pelouse II.

Il vient bien dans les sols pauvres, pourvu qu'ils soient profonds; aussi l'arbre qui se trouve dans le Carré-Michaux a-t-il une très-belle végétation. Son écorce est très-riche en tannin. On pourrait donc essayer de l'exploiter en taillis dans les terrains maigres.

170. —— *phellos*. Mich. [Chêne saule]. — Amérique du Nord : Virginie, Caroline, Georgie.

Ancienne Pépinière (un massif de six arbres de 12 mètres de hauteur et de 1 mètre de circonférence). — *Glandée d'Amérique* (une ligne de huit arbres de 18 mètres de hauteur et de 1 mètre de circonférence). — *Arboretum*, pelouse XI (deux arbres de 10 mètres de hauteur et de 60 centimètres de circonférence).

Arbre qui réussit également bien dans les terrains secs et dans les terrains humides; mais c'est dans ces derniers qu'il acquiert toutes ses qualités. Le bois des Chênes Phellos des Barres est un bon bois de travail; il est doux et facile à travailler; il a cependant le défaut de se gercer facilement en se desséchant; mais ces gerçures sont courtes et peu étendues. C'est un des chênes d'Amérique qui végètent le mieux dans nos climats : le jardin de Trianon en possède un qui a 30 mètres de hauteur et $2^m,30$ de circonférence. Il fructifie tous les ans, mais peu abondamment, ce qui serait peut-être un obstacle à sa dissémination en forêt. Il semble que le Chêne Phellos pourrait être introduit avec avantage dans les terrains secs du Midi en mélange avec le Chêne vert : c'est ainsi qu'on le trouve quelquefois en Amérique. Enfin il viendrait peut-être bien aussi dans les dunes; car il ne redoute pas les sols sablonneux; ce serait là pour les forêts du littoral de l'Océan une acquisition précieuse, d'autant plus que, grâce à la facilité avec laquelle il se plie à toutes les exigences, il pourrait probablement servir à repeupler les leddes ou lettes marécageuses dans lesquelles le Pin Maritime réussit mal.

171. QUERCUS IMBRICARIA. Mich. [Chêne à feuilles de laurier, Chêne à lattes]. — Amérique du Nord : Illinois.

> Ancienne Pépinière (hauteur : 13 mètres; circonférence : 1^m,10). — Arboretum, pelouse X.

Il n'a pas grande valeur; son bois est de qualité médiocre; il fleurit tous les ans, mais son gland avorte presque toujours.

172. ―――― CINEREA. Mich. [Chêne cendré]. — Amérique du Nord, partie méridionale et maritime des États-Unis.

> Glandée d'Amérique (hauteur : 9 mètres; circonférence : 70 centimètres).

Arbre de croissance moyenne; bois sans valeur.

173. ―――― HETEROPHYLLA. Mich. [Chêne hétérophylle]. — Amérique du Nord.

> Pépinière du Verger (hauteur : 18 mètres; circonférence : 1^m,90). — Arboretum, pelouse X.

Ce Chêne est extrêmement rare, car Michaux, dans son *Histoire des arbres forestiers de l'Amérique du Nord*, n'en signale qu'un seul pied, placé dans une propriété voisine de Philadelphie. C'est un arbre magnifique, de première grandeur, dont la végétation est des plus actives. Il se reconnaît facilement à son écorce, lisse et noirâtre, au moins pendant la jeunesse de l'arbre, à ses rameaux grêles, allongés et très-nombreux; son port est véritablement majestueux, et son feuillage, très-abondant et très-léger à la fois, est, quoique un peu sombre, d'un grand effet ornemental. Il fructifie à peu près tous les ans, mais peu abondamment, et ses jeunes plants s'élèvent facilement en pépinière. Il ne saurait être question de la qualité de son bois, qui est complétement inconnue, puisqu'il n'a peut-être jamais été débité.

174. ―――― AQUATICA. Mich. [Chêne aquatique]. — Amérique du Nord : Georgie, Caroline, Floride.

> Ancienne Pépinière (hauteur : 8 mètres; circonférence : 30 centimètres).

175. *Quercus aquatica laurifolia*. [Chêne aquatique à feuilles de laurier].

> *Sables-Paillenne* (une ligne et demie, de 6 mètres de hauteur). — *Arboretum*, pelouses XI et XII (quatre arbres de 10 mètres de hauteur et de 50 centimètres de circonférence).

Le Chêne aquatique n'a aucune valeur. Ses feuilles ont des formes très-diverses, soit sur le même pied, soit sur des pieds différents; elles varient aussi suivant l'âge. La variété *laurifolia* est assez bien déterminée; sa feuille est allongée, à trois lobes, tandis que celle de l'*aquatica* est entière et obtuse à l'extrémité.

176. ——— *ferruginea*. Mich. — *Quercus nigra*. Wild. [Chêne ferrugineux]. — Amérique du Nord : Maryland, Virginie.

> *Ancienne Pépinière* (une ligne de six arbres de 9 mètres de hauteur et de 90 centimètres de circonférence; l'un d'eux a 18 mètres de hauteur et 1ᵐ,80 de circonférence). — *Glandée d'Amérique* (une ligne de treize arbres de 14 mètres de hauteur et de 1· mètre de circonférence).

Si son bois était de bonne qualité, ce Chêne aurait une grande valeur, car il vient bien, même dans les terrains maigres, témoin le pied qui se trouve dans l'Ancienne Pépinière et dont le fût, très-droit, se soutient bien jusqu'au haut de l'arbre. Sa cime, bien développée, donne un couvert assez léger; ses feuilles, peu nombreuses, sont remarquables par leur coloration d'un vert noir et par leur rudesse au toucher.

177. ——— *banisteri*. Mich. [Chêne de Banister, Chêne à glands d'ours]. — Amérique du Nord : New-Jersey.

> *Glandée d'Amérique* (un massif de 48 ares, de 5 mètres de hauteur). — *Pépinière du Verger* (un massif de 1 are).

Ce Chêne ne dépasse pas, même en Amérique, une hauteur de 5 mètres. Lorsqu'il est en massif, ses branches, très-nombreuses et très-tortueuses, s'entrelacent au point de former des fourrés presque impénétrables. Le Chêne de Banister est à maturation bisannuelle; il fructifie tous les ans et de très-bonne heure (dès 4 ou 5 ans), avec une abondance extraordinaire; ses glands sont petits, à chair jaune, et paraissent très-appréciés par les oiseaux qui les disséminent très-loin : ce Chêne est, en effet, répandu non-seulement dans tout les massifs des Barres, mais à plusieurs kilomètres à la ronde. Il croît dans les plus mauvais sols et semble particulièrement propre au repeuplement des coteaux arides où son maintien serait assuré par le grand nombre de glands qu'il produit chaque année. On pourrait aussi l'essayer dans les dunes pour fixer les sables compris entre la palissade littorale et la première ligne de dunes; dans ce cas, les semis devraient être faits au premier printemps, c'est-à-dire dès le commencement du mois de mars, afin que le pivot des jeunes plants fût bien développé avant les premières chaleurs. Les semis réussissent d'ailleurs très-bien en pleine terre et les glands germent de bonne heure avec beaucoup de vigueur.

Enfin, dans les pays de chasse, les massifs de Chênes de Banister feraient d'excellents tirés, car ils sont très-bas et très-fréquentés par le gibier.

178. QUERCUS CATESBÆI. Mich. [Chêne de Catesby]. — Amérique du Nord : Caroline et Géorgie.

Glandée d'Amérique (hauteur : 4 mètres; circonférence : 20 centimètres). — *Arboretum*, pelouse XIV.

On le désigne aussi sous le nom de *Chêne chétif des Landes*; il ne dépasse pas 6 mètres de hauteur. Il fleurit tous les ans aux Barres, mais ses glands avortent toujours. Les jeunes plants d'un an présentent un caractère singulier qui les fait distinguer à première vue : les premières feuilles, au nombre de trois ou quatre, sortent immédiatement de terre, sans qu'on aperçoive la moindre trace de la tige. On dirait de jeunes rameaux qu'on aurait fichés dans le sol en les enfonçant assez pour faire pénétrer en terre tous les pétioles des feuilles.

179. ———— FALCATA. Mich. [Chêne falqué]. — Amérique du Nord : Maryland, Delaware et États méridionaux.

Pépinière du Verger (hauteur : 15 mètres; circonférence : 1^m,40).

180. ———— FALCATA TRILOBA. [Chêne falqué trilobé].— Même habitat que le précédent.

Glandée d'Amérique (hauteur : 10 mètres; circonférence : 70 centimètres). — *Enclos des Pins* (hauteur : 17 mètres; circonférence :

90 centimètres). — *Carré-Michaux* (trois arbres de 17 mètres de hauteur et de 90 centimètres de circonférence). — *Arboretum*, pelouse XI (deux arbres).

Ces deux formes de *Q. falcata* ne semblent pas être bien distinctes; les jeunes feuilles du second sont découpées comme celles du premier; mais en vieillissant leur contour change complétement, et elles deviennent trilobées et presque entières. Il paraîtrait que, arrivé à un certain âge, le *Q. triloba* ne produit plus que des feuilles falquées, de telle sorte que le *triloba* ne serait autre qu'un jeune *falcata*. Ce qui est certain, c'est que l'arbre de cette espèce le plus âgé qui se trouve aux Barres a les caractères du *falcata*, tandis que tous les autres sont des *triloba*. Dans ce qui va suivre, nous confondrons, par conséquent, les deux formes.

Si, l'on juge de cet arbre d'après la manière dont il végète dans le sol pauvre des Barres, on peut conjecturer que, dans des terrains riches, il deviendrait magnifique. Déjà recommandable par sa beauté, qui le rend propre à l'ornementation des massifs, il l'est davantage encore par la qualité de son bois. Celui-ci est un peu rougeâtre, à rayons médullaires larges et nombreux; les couches du printemps, très-minces relativement à celles de l'automne, renferment des vaisseaux de dimension moyenne disposés, sur la section transversale, en files droites et rayonnantes. Les couches d'automne, qui prédominent beaucoup, donnent au bois une densité considérable, supérieure à 0,890. Il se travaille facilement et est alors d'un joli effet; mais il n'est pas d'une fente très-facile, et l'aubier est assez grand relativement au bois parfait. Il paraîtrait aussi qu'il n'est pas très-durable. Son écorce est riche en tannin.

Quoiqu'il soit inférieur à nos Chênes indigènes, on voit que son introduction dans nos forêts, surtout dans celles dont le sol est pauvre, ne serait pas sans avantages; malheureusement il ne fructifie pas très-abondamment, de sorte que ses jeunes plants auraient peu de chances de vivre lorsqu'ils se trouveraient en concurrence avec nos essences, et, surtout, avec nos mort-bois indigènes.

181. *Quercus tinctoria*. Wild. [Quercitron]. — Amérique du Nord : États-Unis du Nord et du Centre.

Ancienne Pépinière (un arbre isolé de 14 mètres de hauteur et de 1^m,30 de circonférence, et un massif de sept arbres de 14 mètres de hauteur et de 1^m,20 de circonférence). — *Glandée d'Amérique* (un arbre isolé de 11 mètres de hauteur et de 90 centimètres de circonférence, et deux massifs, dont l'un complet, formé par treize lignes plantées de 1828 à 1840, de 17 mètres de hauteur et de 60 centimètres à 1^m,15 de circonférence; l'autre, formé de trente-trois lignes plantées de 1829 à 1840, est très-incomplet et présente quelques arbres de 15 mètres de hauteur et de 1 mètre de circonférence). — *Carré-Michaux* (quelques arbres de 12 mètres de hauteur et de 50 centimètres de circonférence, et un de 17 mètres de hauteur et de 80 centimètres de circonférence). — *Enclos des Pins* (hauteur : 13 mètres; circonférence : 50 centimètres). — *Arboretum*, pelouse XII.

Il atteint en Amérique de grandes dimensions et son bois y est assez estimé; mais il ne paraît pas justifier, du moins aux Barres, les espérances qu'on avait fondées sur son introduction. Il végète, il est vrai, avec une grande vigueur et il donne des glands qui se ressèment naturellement; mais son bois a peu de nerf, beaucoup d'aubier et semble peu durable. On tire de son écorce une couleur jaune, qui lui a valu son nom et qui, si elle est encore employée pour la teinture, ce que nous ignorons, pourrait engager à traiter cette essence en taillis pour l'écorçage.

182. QUERCUS COCCINEA. Mich. [Chêne écarlate]. — Amérique du Nord : New-Jersey, Pensylvanie, Caroline, etc.

Cailloutière (une ligne de 15 mètres de hauteur et de 60 centimètres à 1 mètre de circonférence). — *Glandée d'Amérique* (deux lignes plantées en 1828, de 15 mètres de hauteur et de 1 mètre de circonférence, et une ligne plantée de 1829 à 1835, de 10 mètres de hauteur, dont un pied de 14 mètres de hauteur et de 90 centimètres de circonférence). — *Arboretum*, pelouse XI (deux pieds).

Si son bois était de meilleure qualité, le Chêne écarlate serait un arbre de premier ordre. En Amérique, il atteint près de 30 mètres de hauteur, et en Europe il réussit bien, végète avec vigueur et fructifie abondamment. Ses glands se ressèment naturellement. On ne peut le recommander qu'au point de vue de l'ornementation; en automne, après les premières gelées, son feuillage, avant de tomber, devient d'un rouge vif et produit un effet magnifique.

183. Quercus palustris. Mich. [Chêne des marais]. — Amérique du Nord : New-York, Pensylvanie, Maryland.

Ancienne Pépinière (hauteur : 13 mètres; circonférence : 1^m,20). — *Cailloutière* (deux lignes, de 14 mètres de hauteur et de 50 centimètres à 1^m,10 de circonférence). — *Glandée d'Amérique* (deux lignes plantées en 1828, de 13 mètres de hauteur et de 90 centimètres de circonférence, et une ligne plantée en 1829-1834, en mauvais état, dont un pied a cependant 13 mètres de hauteur et 60 centimètres de circonférence). — *Pépinière du Verger* (hauteur : 17 mètres; circonférence : 1^m,40). — *Arboretum*, pelouse I (trois arbres de 12 mètres de hauteur).

Quoiqu'il ne vienne bien que dans les terrains humides, sur les bords des mares, par exemple, ce Chêne atteint cependant sur le sol sec des Barres d'assez grandes dimensions. Toutefois, on s'aperçoit que cette situation ne lui convient guère, car un certain nombre de pieds, notamment ceux de l'*Arboretum*, commencent à donner des signes de dépérissement. Il fructifie tous les ans assez abondamment, et ses jeunes plants s'élèvent facilement en pépinière; mais il ne paraît pas se disséminer naturellement, ce qui tient sans doute à ce que le sol dans lequel il vit ici ne lui est pas favorable. Son bois est de bonne qualité; il est dur et tenace, propre aux constructions, mais non à la confection du merrain. Cet arbre serait une bonne acquisition pour nos forêts basses et à sol humide où, avec quelques soins, il pourrait peut-être se reproduire naturellement.

Son port est caractéristique : la ramification consiste en branches principales assez nombreuses qui s'étagent avec une certaine régularité les unes au-dessus des autres et donnent à l'arbre, surtout dans la jeunesse, une forme pyramidale. De chaque côté des branches principales se trouvent des rameaux de petite dimension, disposés en peigne et portant des feuilles placées horizontalement, de sorte que, bien que le feuillage ne soit pas très-fourni, le couvert de l'arbre est suffisamment épais. Les feuilles, très-élégamment découpées et assez minces, sont presque transparentes quand on les regarde du pied de l'arbre, et elles forment alors comme une élégante broderie découpée à jour et d'un vert tendre très-agréable à l'œil. Le Chêne des marais est donc aussi un arbre d'ornement qui a sa place marquée dans les pelouses, où il produit un bel effet.

184. *Quercus rubra*. Lin. [Chêne rouge]. — Amérique du Nord : Nord des États-Unis.

Ancienne Pépinière (deux arbres de 15 mètres de hauteur et de 1^m,60 de circonférence). — *Cailloutière* (une ligne, de 14 mètres de hauteur et de 70 centimètres de circonférence). — *Glandée d'Amérique* (cinq lignes, de 14 mètres de hauteur et de 80 centimètres de circonférence, plantées en 1828-1834, et un massif clair formé par vingt-neuf lignes plantées de 1829 à 1834). — *Arboretum*, pelouse IX (un arbre de 14 mètres de hauteur et de 1^m,90 de circonférence).

De tous les Chênes d'Amérique, c'est celui qui réussit le mieux dans nos climats; ses jeunes plants, avec leur tige droite et lisse, leurs feuilles grandes et luisantes, ont l'apparence d'une vigueur supérieure même à celle de nos Chênes indigènes. Il fructifie tous les ans en abondance et se reproduit naturellement avec la plus grande facilité. Son couvert est assez épais, grâce à la dimension considérable des feuilles. Les glands sont gros, courts et de couleur rouge; ils se reconnaissent très-facilement dès qu'on les a vus une seule fois. Les oiseaux et les animaux domestiques en sont très-friands.

Le bois est médiocre; mais comme il est incontestablement supérieur à celui de nos essences de second ordre, on trouverait avantage à propager le Chêne rouge dans nos forêts, où la rapidité de sa végétation le rendrait certainement utile.

185. ——— *rubra*, var. *ambigua*. — *Quercus ambigua*. Mich. — Même habitat que le précédent.

Cailloutière (une ligne, de 12 mètres de hauteur et de 1 mètre de circonférence). — *Glandée d'Amérique* (trois lignes, de 14 mètres de hauteur et de 80 centimètres de circonférence).

Très-semblable au précédent sous tous les rapports, il s'en distingue cependant par les caractères suivants : 1° l'écorce ressemble un peu à celle du hêtre; elle est encore lisse, tandis que celle du *Q. rubra* forme déjà un épais rhytidome; 2° les feuilles et les fleurs apparaissent quinze jours plus tôt et la maturation des glands se fait aussi de meilleure heure.

186. ——— ? [Chêne présumé hybride]. — Non déterminé.

Pépinière du Verger (hauteur : 10 mètres; circonférence : 70 centimètres).

187. *Quercus?* — Donné par M. de Montbron à M. de Vilmorin pour *Q. macrocarpa*, mais ne l'étant pas.

<small>Ancienne Pépinière (hauteur : 13 mètres ; circonférence : 1^m,50).</small>

Les glands sont portés deux par deux sur un court pédoncule ; la cupule a les écailles légèrement saillantes ; les feuilles sont d'un vert foncé mat en dessus, tomenteuses en dessous, pliées suivant la nervure médiane ; les jeunes rameaux se cassent avec la plus grande facilité.

CHÊNES D'ASIE.

188. ———— *Ægilops*. Lin. [Chêne Ægilops, Chêne Vélani]. — Orient.

<small>Ancienne Pépinière (une ligne en mauvais état, de 6 mètres de hauteur et de 30 centimètres de circonférence). — *Pépinière du Verger* (deux arbres de 9 mètres de hauteur et de 1 mètre de circonférence). — *Arboretum*, pelouse VII (un pied de 8 mètres de hauteur et de 60 centimètres de circonférence).</small>

Les pieds qui se trouvent dans la Pépinière du Verger fructifient de temps en temps ; mais ils ne donnent jamais plus de deux ou trois glands.

189. ———— *acuta*. — Japon.

<small>Chêne à feuilles persistantes. — Plants d'un et de deux ans en pépinière.</small>

190. ———— *cuspidata*. — Japon.

<small>Feuilles persistantes. — Plants d'un et de deux ans en pépinière.</small>

191. ———— *glabra*. — Japon.

<small>Feuilles persistantes. — Plants d'un an en pépinière.</small>

192. ———— *glauca*. — Japon.

<small>Feuilles persistantes. — Plants d'un et de deux ans en pépinière.</small>

193. ———— *phillyreoides*. [Chêne à feuilles de Philaria]. — Japon.

<small>Feuilles persistantes. — Plants d'un an en pépinière.</small>

194. QUERCUS SESSILIFOLIA. — Japon.
>   Feuilles persistantes. — Plants d'un an en pépinière.

195. ———? [Non déterminé]. — Japon.
>   Feuilles persistantes. — Plants d'un an en pépinière.

196. ———? [Non déterminé]. — Japon.
>   Feuilles persistantes. — Plants d'un et de deux ans en pépinière.

197. ——— DENTATA. — Japon.
>   Feuilles caduques. — Plants d'un an en pépinière.

198. ——— GLANDULIFERA. — Japon.
>   Feuilles caduques. — Plants d'un et de deux ans en pépinière.

199. ——— SERRATA. — Japon.
>   Feuilles caduques. — Plants d'un et de deux ans en pépinière.

CORYLACÉES.

200. CARPINUS BETULUS. Lin. [Charme commun]. — Indigène.
>   Un massif sur souches près de la maison d'habitation. — *Arboretum*, pelouse XI.

201. CORYLUS AVELLANA. Lin. [Coudrier noisetier]. — Indigène.
>   *Arboretum*, pelouse II.

202. ——— AVELLANA PURPUREA. [Coudrier à feuilles pourpres].
>   *Arboretum*, pelouse XI.

203. ——— BYSANTINA. Desf. — *Corylus coturna*. Lin. [Coudrier de Bysance]. — Orient.
>   Ancienne Pépinière. — *Arboretum*, pelouse X.

BÉTULACÉES.

204. BETULA ALBA. Lin. — *Betula verrucosa*. Ehrh. [Bouleau blanc, Bouleau commun]. — Indigène.
>   *Glandée d'Amérique* (hauteur : 14 mètres; circonférence : 90 centimètres). — *Enclos des Pins* (en mélange avec des Châtaigniers). — *Arboretum*, pelouse VI.

205. BETULA ALBA FASTIGIATA. [Bouleau fastigié].

Arboretum, pelouse VIII.

206. —— ALBA PUBESCENS. — *Betula pubescens.* Ehrh. — Indigène.

Jeunes plants en pépinière.

207. —— NANA. Lin. [Bouleau nain]. — Sommets du Jura, Cercle polaire.

Arboretum, pelouse VI.

208. —— DAHURICA. Pall. [Bouleau de Sibérie]. — Asie septentrionale.

Glandée d'Amérique (une demi-ligne, de 12 mètres de hauteur et de 80 centimètres de circonférence).

209. —— URTICIFOLIA. Regel. [Bouleau à feuilles d'ortie]. — Suède.

Arboretum, pelouse VI.

210. —— PAPYRACEA. W. [Bouleau à papier, Bouleau à canot]. — Amérique du Nord : Nord et Centre des États-Unis.

Ancienne Pépinière (une ligne de dix arbres). — Glandée d'Amérique (une ligne, de 13 mètres de hauteur et de 60 centimètres de circonférence, et un massif provenant d'un semis naturel, de 7 mètres de hauteur et de 40 centimètres de circonférence). — *Arboretum,* pelouse VIII.

La tige du Bouleau à canot est très-élancée, et comme son écorce, du moins sur les arbres jeunes, est d'une blancheur éclatante, cet arbre n'est pas à dédaigner pour l'ornementation. Quant à son bois, il est exactement semblable à celui de notre Bouleau blanc. C'est avec l'écorce du *B. papyracea* que les Indiens de l'Amérique du Nord construisent ces légères pirogues qui, tout en étant capables de porter plusieurs personnes, ne pèsent cependant que quarante ou cinquante livres.

211. —— POPULIFOLIA. Ait. [Bouleau à feuilles de Peuplier]. — Amérique du Nord.

Glandée d'Amérique (une ligne, de 14 mètres de hauteur et de 1 mètre de circonférence).

212. BETULA LENTA. Mich. [Bouleau merisier].— Amérique du Nord : Centre des États-Unis.

<blockquote>Glandée d'Amérique (deux pieds de 8 mètres de hauteur et de 40 centimètres de circonférence). — Arboretum, pelouses VI et VIII.</blockquote>

213. ALNUS GLUTINOSA. Lin. [Aune glutineux]. — Indigène.

<blockquote>Arboretum, pelouse VI.</blockquote>

214. —— GLUTINOSA LATIFOLIA. [Aune à larges feuilles].

<blockquote>Arboretum, pelouses VIII et X.</blockquote>

215. —— GLUTINOSA OXYACANTHÆFOLIA. [Aune à feuilles d'aubépine].

<blockquote>Arboretum, pelouse VI.</blockquote>

216. —— CORDATA. Loisel. [Aune à feuilles en cœur]. — Corse, Calabre.

<blockquote>Ancienne Pépinière (hauteur : 14 mètres; circonférence : 1 mètre). — Pépinière de la Cailloutière (une ligne, de 3 mètres de hauteur). — Glandée d'Amérique (une demi-ligne, de 15 mètres de hauteur et de $1^m,20$ de circonférence). — Arboretum, pelouses VI, VIII et X.</blockquote>

217. —— ROTUNDIFOLIA. [Aune à feuilles rondes].— Calabre.

<blockquote>Glandée d'Amérique (trois pieds de 13 mètres de hauteur et de 90 centimètres de circonférence).</blockquote>

CONIFÈRES.

218. JUNIPERUS COMMUNIS. Lin. [Genévrier commun]. — Indigène.

<blockquote>Arboretum, pelouses VIII et X.</blockquote>

219. —— COMMUNIS, var. élancée, des Barres.

<blockquote>Arboretum, pelouse IX (hauteur : 9 mètres; circonférence : 50 centimètres).</blockquote>

Vu de loin, ce Genévrier ressemble à un cyprès pyramidal.

220. —— COMMUNIS SUECICA. Loud. [Genévrier de Suède].

<blockquote>Arboretum, pelouse XIV.</blockquote>

221. JUNIPERUS COMMUNIS PENDULA. [Genévrier pleureur].
Arboretum, pelouse IV.

222. —— SABINA. Lin. [Genévrier Sabine]. — Indigène.
Arboretum, pelouse XIV.

223. —— CHINENSIS MASCULA. Carr. [Genévrier de Chine, pied mâle]. — Chine et Japon.
Ancienne Pépinière (hauteur : 5 mètres ; circonférence : 30 centimètres).

224. —— CHINENSIS FÆMINA. Carr. — *Juniperus Reevesiana*. Hort. [Genévrier de Chine, pied femelle]. — Chine et Japon.
Arboretum, pelouse XIV.

225. —— JAPONICA. Carr. [Genévrier du Japon]. — Japon.
Arboretum, pelouse XIV.

226. —— THURIFERA. Lin. [Genévrier thurifère]. — Europe australe, Algérie.
Ancienne Pépinière (hauteur : 5 mètres ; circonférence : 30 centimètres).

227. —— EXCELSA. Wild. [Genévrier élevé]. — Asie Mineure.
Ancienne Pépinière.

228. —— FRAGRANS. Knight. [Genévrier pyramidal]. — Inde.
Arboretum, pelouse XIV.

229. —— VIRGINIANA. Lin. [Genévrier de Virginie, Cèdre rouge de Virginie]. — Amérique du Nord : États-Unis et Mexique.
Ancienne Pépinière (un arbre isolé de 13 mètres de hauteur et de 1 mètre de circonférence, et un massif de cinq arbres de 12 mètres de hauteur et de 90 centimètres de circonférence). — *Arboretum*, pelouse IX (deux pieds).

Son bois, quoique léger, est très-durable. Cette essence vient bien dans les sables du bord de la mer. Aussi serait-il bon de la propager dans les dunes.

230. JUNIPERUS VIRGINIANA ARGENTEA. [Genévrier argenté].
Arboretum, pelouse IV.

231. BIOTA ORIENTALIS. Endl. [Biota d'Orient]. — Asie septentrionale, Chine, Japon.
Ancienne Pépinière (hauteur : 14 mètres; circonférence : 85 centimètres). — *Arboretum*, pelouse IX.

232. —— ORIENTALIS AUREA. Gord. [Biota doré].
Arboretum, pelouse IX.

233. —— ORIENTALIS NANA AUREA. [Biota nain doré].
Arboretum, pelouse XIII.

234. —— ORIENTALIS LUTEA. [Biota jaune].
Arboretum, pelouse IX.

235. —— ORIENTALIS FALCATA. [Biota falqué].
Arboretum, pelouse IX.

236. —— ORIENTALIS ELEGANTISSIMA. [Biota très-élégant].
Arboretum, pelouses IV et IX.

237. —— ORIENTALIS PENDULA. — *Thuya filiformis*. Lodd. [Biota pleureur].
Arboretum, pelouse IX (deux pieds).

238. THUYA MENZIEZII. Dougl. — *Thuya Lobbii*. Hort. [Thuya de Menziès, Thuya de Californie, Thuya de Lobb]. — Californie.
Arboretum, pelouse IX.

239. —— OCCIDENTALIS. Lin. — *Thuya Wareana*. Hort. [Thuya d'Occident]. — Amérique du Nord : Niagara.
Arboretum, pelouses V et IX.

240. —— OCCIDENTALIS NANA COMPACTA. Hort. [Thuya nain].
Arboretum, pelouse IV.

241. THUYA GIGANTEA. Nutt. [Thuya gigantesque]. — Amérique du Nord.

Arboretum, pelouses IV, V, IX et XIII (cinq pieds, dont un de 5 mètres de hauteur et de 50 centimètres de circonférence).

242. CHAMÆCYPARIS SPHÆROÏDEA. Spach. [Chamæcyparis sphéroïdal, Faux-Thuya]. — Amérique du Nord : Canada.

Arboretum, pelouse IX.

243. —— BOURSIERII. Dec. — *Cupressus Lawsoniana.* Murr. [Cyprès de Lawson]. — Amérique du Nord : Californie.

Arboretum, pelouses II, IX et XIII. — *Id.*, pelouse III (un massif de 3 mètres de hauteur). — *Id.*, pelouse IV (un massif de 4 mètres de hauteur).

244. —— NUTKAENSIS. Spach. — *Thuiopsis borealis.* Fisch. [Thuiopsis boréal]. — Nord-Ouest de l'Amérique.

Arboretum, pelouse IX.

245. RETINOSPORA OBTUSA. Sieb. et Zucc. [Rétinospore obtus]. — Japon.

Arboretum, pelouse IX.

246. —— SQUARROSA. Sieb. et Zucc. [Rétinospore squarreux]. — Japon.

Arboretum, pelouse IX.

247. TAXODIUM DISTICHUM. Rich. [Cyprès chauve]. — Amérique du Nord.

Ancienne Pépinière. — *Arboretum*, pelouse IX.

248. —— DISTICHUM FASTIGIATUM. Knight. [Cyprès chauve, variété dite de la Chine].

Ancienne Pépinière. — *Arboretum*, pelouse IX.

249. CRYPTOMERIA JAPONICA. Don. [Cryptoméric du Japon]. — Japon.

Ancienne Pépinière (hauteur : 5 mètres ; circonférence : 30 centimètres). — *Arboretum*, pelouse IX (un pied de 6 mètres de hauteur et de 40 centimètres de circonférence). — *Id.*, pelouses IX, XIII et XIV, (jeunes plants).

Cet arbre aime les sols frais et humides. Aux Barres, sa végétation est languissante, mais il fructifie très-abondamment; ses graines sont bonnes et ses jeunes plants s'élèvent facilement en pépinière. Dans son pays d'origine, il forme de beaux massifs très-serrés.

250. *Taxodium sempervirens*. Endl. [Séquoia toujours vert]. — Californie.

> Ancienne Pépinière (cépée de 4 mètres de hauteur, provenant d'un pied de 15 mètres de hauteur et de 1 mètre de circonférence, gelé en 1871). — *Arboretum*, pelouses IX et XIV. — *Cour d'honneur.* — Un massif près de la route de Châtillon, mélangé d'*A. Cilicica*.

251. *Wellingtonia gigantea*. Lindl. [Wellingtonia, Séquoia gigantesque]. — Californie.

> *Arboretum*, pelouse IV (hauteur : 3 mètres). — *Id.*, pelouses IX et XIV (hauteur : 6 mètres; circonférence : 80 centimètres). — Massif le long de la route de Châtillon (hauteur : 3 mètres).

252. *Cunninghamia sinensis*. R. Brown. [Cunninghamia de la Chine]. — Chine australe.

> *Arboretum*, pelouse XIV (hauteur : 5 mètres).

253. *Abies Canadensis*. Mich. — *Tsuga Canadensis*. Carr. [Sapin du Canada, Hemlock Spruce]. — Amérique du Nord : Nouvelle-Écosse, Maine, Vermont.

> *Arboretum*, pelouses XIII et XIV.

Arbre d'ornement; bois sans valeur.

254. —— *bracteata*. Hooker et Arnott. [Sapin à bractées]. — Californie.

> Jeunes plants en pépinière.

255. —— *nobilis*. Lindl. [Sapin noble]. — Californie.

> *Arboretum*, pelouse III (quatre jeunes arbres).

256. —— *Nordmanniana*. Spach. [Sapin de Nordmann]. — Inde.

> *Arboretum*, pelouse II (hauteur : 4 mètres). — *Id.*, pelouses III et XIII (hauteur : 2 mètres).

257. *Abies pectinata.* D. C. [Sapin pectiné, Sapin des Vosges, Sapin de Normandie]. — Indigène.

Enclos des Pins (hauteur : 17 mètres; circonférence : 80 centimètres). — *Parc* (hauteur : 7 mètres; circonférence : 30 centimètres). — *Arboretum,* pelouses VIII et XIV.

258. ———— *Cephalonica.* Link. [Sapin de Céphalonie]. — Grèce.

Ancienne Pépinière (hauteur : 4 mètres; circonférence : 30 centimètres). — *Arboretum,* pelouses II et XIII.

259. ———— *Reginæ Ameliæ.* — Identique au précédent.

Arboretum, pelouse XIII.

260. ———— *Firma.* Sieb. et Zucc. [Sapin robuste]. — Japon.

Arboretum, pelouse XIV.

261. ———— *Balsamea.* Mill. [Sapin baumier de Gilead]. — Amérique du Nord : Nord des États-Unis.

Arboretum, pelouse XIII.

262. ———— *Lasiocarpa.* Lindl. et Gord. — *Abies grandis.* Lindl. [Sapin lasiocarpé]. — Californie.

Arboretum, pelouses III et XIII.

263. ———— *Webbiana.* Lindl. [Sapin de Webb]. — Himalaya.

Ancienne Pépinière (hauteur : 3 mètres; circonférence : 25 centimètres).

Ce Sapin ne réussit pas aux Barres, où il est presque toujours atteint par les gelées printanières.

264. ———— *Pichta.* Fisch. — *Abies Sibirica.* Ledebour. [Sapin de Sibérie]. — Asie septentrionale.

Arboretum, pelouse XIII.

265. ———— *Pinsapo.* Boiss. [Sapin pinsapo]. — Espagne.

Ancienne Pépinière (massif de douze arbres, dont un de 14 mètres de hauteur et de 1^m,10 de circonférence). — *Sables-Paillenne* (huit arbres, dont un de 13 mètres de hauteur et de 90 centimètres de circonférence). — *Parc* (un pied de 12 mètres de hauteur et de 1^m,10 de circonférence). — *Arboretum,* pelouses II et III (cinq arbres, dont un de 9 mètres de hauteur et de 90 centimètres de circonférence). — *Cour d'honneur.*

Le pied qui se trouve dans l'Ancienne Pépinière est probablement l'un des plus beaux qui existent aujourd'hui en France. Cette essence fructifie abondamment tous les ans; ses graines sont de bonne qualité et ses jeunes plants s'élèvent bien en pépinière.

266. *Abies Cilicica.* Carr. [Sapin de Cilicie]. — Asie Mineure.

<small>Ancienne Pépinière (hauteur : 5 mètres; circonférence : 30 centimètres). — Pépinière du Verger (hauteur : 6 mètres; circonférence : 40 centimètres). — Arboretum, pelouse XIII. — En mélange avec des *Taxodium sempervirens* le long de la route de Châtillon.</small>

Il végète avec vigueur, mais il est quelquefois atteint par les gelées. Il a fructifié cette année pour la première fois.

267. —— *Weitchii.* [Sapin de Weitch]. — Japon.

<small>Jeunes plants en pépinière.</small>

Ce Sapin est encore inconnu en France, où il a été introduit depuis peu.

268. —— *Douglasii.* Lindl. [Sapin de Douglas]. — Californie.

<small>Ancienne Pépinière (hauteur : 3 mètres; circonférence : 25 centimètres). — Arboretum, pelouses II et XIII.</small>

269. *Picea Menziezii.* Carr. — *Abies Menziezii.* Loud. [Sapin de Menziès]. — Nord de la Californie.

<small>Arboretum, pelouses IX et XIII.</small>

270. —— *alba.* Link. [Sapinette blanche]. — Amérique du Nord : Canada, Caroline, etc.

<small>Parc (hauteur : 6 mètres; circonférence : 40 centimètres).</small>

271. —— *alba cærulea.* [Sapinette bleue].

<small>Ancienne Pépinière (hauteur : 10 mètres; circonférence : 60 centimètres).</small>

272. —— *nigra.* Link. [Sapinette noire]. — Amérique du Nord : Canada, Caroline, etc.

Ancienne Pépinière (hauteur : 10 mètres; circonférence : 70 centimètres). — *Glandée d'Amérique* (un pied en mauvais état, de 7 mètres de hauteur et de 40 centimètres de circonférence). — *Carré Michaux* (hauteur : 11 mètres; circonférence : 80 centimètres).

273. PICEA ORIENTALIS. Carr. — *Abies orientalis.* Poir. [Épicéa d'Orient, Sapin d'Orient]. — Perse.

Arboretum, pelouse II.

274. —— EXCELSA. Link. [Épicéa commun]. — Indigène.

Arboretum, pelouse XIII. — Disséminé par pieds isolés ou planté en bordure sur un grand nombre de points du domaine.

275. —— EXCELSA PYRAMIDATA. [Épicéa pyramidal].

Arboretum, pelouse XIII.

276. —— MORINDA. Link. — *Abies morinda.* Nels. [Épicéa morinda, Sapin morinda]. — Himalaya.

Ancienne Pépinière (hauteur : 2 mètres). — *Cour d'honneur.*

Il est très-mal venant aux Barres, où il gèle fréquemment.

277. —— MAXIMOWICZII. — *Abies Maximowiczii.*

Jeunes plants en pépinière.

Espèce encore peu connue.

278. LARIX EUROPÆA. D. C. [Mélèze d'Europe]. — Indigène.

Ancienne Pépinière (hauteur : 20 mètres; circonférence : $1^m,20$). — *Sables-Paillenne* (un massif en mélange avec des Pins maritimes de Corte; hauteur : 17 mètres; circonférence : 70 centimètres). — *Arboretum,* pelouse I. — *Parc.* — Disséminé par pieds isolés ou planté en bordure sur un grand nombre de points du domaine.

279. —— EUROPÆA PENDULA. [Mélèze pleureur].

Jeunes plants en pépinière.

280. CEDRUS DEODARA. Loud. [Cèdre déodara]. — Himalaya.

Arboretum, pelouse XIII.

281. —— DEODARA ROBUSTA. [Cèdre déodara robuste].

Arboretum, pelouse XIV.

282. CEDRUS LIBANI. Barrel. [Cèdre du Liban]. — Asie Mineure.

 Enclos des Pins (deux lignes, de 13 mètres de hauteur et de 70 centimètres de circonférence). — *Potager* (hauteur : 16 mètres; circonférence : 1^m,80).

 Les deux lignes de l'Enclos des Pins ont été très-éprouvées par l'hiver de 1871-1872. Il ne reste plus que trente-sept pieds mélangés avec des Pins de Riga.

283. ———— ATLANTICA. Manetti. [Cèdre de l'Atlas].— Algérie.

 Arboretum, pelouse XIV (trois pieds).

284. PINUS CEMBRA. Lin. [Pin cembro]. — Indigène.

 Ancienne Pépinière (hauteur : 12 mètres; circonférence : 1 mètre). — *Enclos des Pins* (hauteur : 3 mètres; circonférence : 20 centimètres). — *Arboretum*, pelouse V.

285. ———— PEUCE. Griseb. [Pin peuce]. — Grèce.

 Arboretum, pelouse V (jeunes plants).

 Introduit en 1864, il n'est pas encore connu.

286. ———— EXCELSA. Wallich. [Pin élevé, Pin pleureur de l'Himalaya].

 Ancienne Pépinière (un massif de dix arbres de 15 mètres de hauteur et de 1 mètre de circonférence, et un pied, greffé sur Weymouth, de 22 mètres de hauteur et de 1 mètre de circonférence). — *Enclos des Pins* (une ligne de sept arbres mal venants, de 7 mètres de hauteur et de 30 centimètres de circonférence). — *Arboretum*, pelouse IV (jeunes plants et un massif de six arbres de 6 mètres de hauteur et de 45 centimètres de circonférence).

 Ce beau Pin végète très-bien aux Barres. Il produit chaque année de magnifiques cônes dont les graines sont généralement bonnes; les semis réussissent d'ailleurs très-bien, car cet arbre ne paraît craindre ni la gelée ni l'insolation. Son bois, excellent dans l'Himalaya, ne paraît pas avoir ici de grandes qualités. Pour porter sur cette essence un jugement définitif, il faudrait qu'elle fût introduite dans les montagnes, qui sont sa station habituelle.

 Comme arbre d'ornement, il est au moins égal et même, à notre avis, supérieur au Pin Weymouth, dont il se rapproche beaucoup.

287. *Pinus strobus.* Lin. [Pin du Lord, Pin Weymouth]. — Amérique du Nord : États-Unis.

> *Pièce Pophillat* (une ligne, de 18 mètres de hauteur et de 50 centimètres à 1 mètre de circonférence, et un massif, de 16 mètres de hauteur et de 80 centimètres de circonférence, mélangé de *Laricios* de Corse). — *Arboretum*, pelouse IV.

Cette essence n'a pas répondu aux espérances qu'on avait fondées sur son introduction. Son bois est mou, léger, sans aucune valeur, même pour le chauffage. Il ne peut servir qu'à l'ornementation des pelouses et des massifs.

Bien qu'il végète avec vigueur lorsqu'il est en massif pur, il ne peut pas lutter avec nos essences indigènes. Le massif de la Pièce Pophillat est un exemple de ce fait. Il avait été formé de 13 lignes de Pins du Lord, plantées en 1828, regarnies en 1833, et entre lesquelles on avait semé des *Laricios* de Corse pour obtenir plus tôt un massif complet. Les *Laricios* n'ont pas tardé à prendre le dessus et dominent aujourd'hui de plusieurs mètres les Weymouth qui restent encore.

288. ——— *sinensis.* Lamb. [Pin de Chine]. — Chine et Japon.

> *Enclos des Pins* (deux sujets, greffés sur Sylvestres, de 4 mètres de hauteur et de 30 centimètres de circonférence).

289. ——— *Sabiniana.* Dougl. [Pin de Sabine]. — Amérique du Nord.

> *Enclos des Pins* (un sujet de 4 mètres de hauteur, greffé sur Sylvestre). — *Arboretum*, pelouse IX (jeunes plants).

290. ——— *Coulteri.* Don. [Pin de Coulter]. — Californie.

> *Arboretum*, pelouse XIV (jeunes plants). — Jeunes plants en pépinière.

291. ——— *Jeffreyi.* Balf. [Pin de Jeffrey]. — Californie.

> Une greffe en pépinière.

292. ——— *ponderosa.* Dougl. [Pin à bois lourd]. — Nord-Ouest de l'Amérique.

> *Arboretum*, pelouses IV et IX (jeunes plants).

293. PINUS RIGIDA. Mill. [Pin à goudron]. — Amérique du Nord : Pensylvanie, Virginie.

> Ancienne Pépinière (hauteur : 9 mètres; circonférence : 1 mètre). — Enclos des Pins (onze arbres mal venants, dont un de 11 mètres de hauteur et de 90 centimètres de circonférence). — Sables-Paillenne (une ligne (1867), de 4 mètres de hauteur). — Arborétum, pelouse IX (deux arbres).

294. —— TÆDA. Lin. [Pin à l'encens]. — Amérique du Nord : Floride et Virginie.

> Ancienne Pépinière (un pied mal venant, de 9 mètres de hauteur et de 90 centimètres de circonférence). — Glandée d'Amérique (hauteur : 15 mètres; circonférence ; 70 centimètres).

Arbre sans valeur, végétant mal; ici il ne donne pas de cônes.

295. —— FREMONTIANA. Endl. [Pin de Frémont]. — Californie.

> Jeunes plants en pépinière.

—— PINASTER. Soland. [Pin maritime].

PINS MARITIMES DE PROVENANCES DIVERSES.

296. PIN MARITIME. — Belgique.

> Enclos des Pins (hauteur : 17 mètres; circonférence : 1^m,25, et trois arbres de 16 mètres de hauteur et de 70 centimètres de circonférence).

297. —— MARITIME. — Bordeaux.

> Enclos des Pins (sur cinq places différentes, de 16 à 19 mètres de hauteur et de 1 mètre à 1^m,40 de circonférence). — Côte des Genêts (massif dépérissant mélangé de Sylvestres et de Laricios).— Disséminé par pieds isolés dans tous les massifs.

298. —— MARITIME. — Corte.

> Enclos des Pins (trois arbres de 18 mètres de hauteur et de 1 mètre de circonférence). — Sables-Paillenne (massif mélangé de Mélèzes, de 17 mètres de hauteur et de 80 centimètres à 1^m,20 de circonférence).

Le Pin maritime de Corte est bien supérieur à celui de Bordeaux;

sa tige est plus droite et son bois de meilleure qualité; enfin il ne dépérit pas de bonne heure, comme l'autre, et végète tout aussi vigoureusement. Il est à regretter que les Pins de cette provenance ne soient pas plus répandus, et on ne saurait trop engager les propriétaires à les substituer aux Pins de Bordeaux.

299. P<small>IN MARITIME</small>. — Maine.

<small>Enclos des Pins (sur deux places; hauteur : 17 mètres; circonférence : 1 mètre à 1^m,40).</small>

Ce sont probablement des Pins de Bordeaux, auxquels ils ressemblent beaucoup.

300. P<small>INUS PUNGENS</small>. Mich. [Pin piquant]. — Amérique du Nord : Caroline et Virginie.

<small>Enclos des Pins (hauteur : 7 mètres; circonférence : 50 centimètres).
— Arboretum, pelouse IX.</small>

Pin sans valeur au point de vue forestier, même en Amérique.

301. ——— <small>INOPS</small>. Soland. [Pin chétif]. — Amérique du Nord : Maryland, Virginie, Pensylvanie.

<small>Ancienne Pépinière (hauteur : 9 mètres; circonférence : 85 centimètres).
— Enclos des Pins (huit arbres sur deux places, de 6 à 8 mètres de hauteur et de 50 centimètres de circonférence; l'un d'eux a 11 mètres de hauteur et 60 centimètres de circonférence).</small>

302. ——— <small>MITIS</small>. Mich. [Pin doux, Pin jaune]. — Amérique du Nord : Maryland, Virginie.

<small>Ancienne Pépinière (hauteur : 8 mètres; circonférence : 80 centimètres).
— Glandée d'Amérique (hauteur : 5 mètres; circonférence : 50 centimètres; greffé sur Sylvestre). — Enclos des Pins (deux pieds de 8 mètres de hauteur et de 1 mètre et 1^m,20 de circonférence; une ligne, de 9 mètres de hauteur et de 90 centimètres de circonférence).
— Arboretum, pelouse IV.</small>

Dans son pays d'origine cet arbre vient dans les sols pauvres et fournit un bois de premier ordre, très-estimé pour les constructions navales.

Aux Barres, sa végétation est languissante. Il présente un caractère particulier très-remarquable : son tronc et ses branches sont couverts d'une grande quantité de bourgeons proventifs qui sont disposés par paquets et se développent en formant de petites touffes de feuilles. Il fructifie presque tous les ans; mais ses graines sont peu abondantes et de médiocre qualité.

PINUS MONTANA. Mill. [Pin de montagne].

PINS DE MONTAGNE DE VARIÉTÉS ET DE PROVENANCES DIVERSES.

303. P. M. — PIN MUGHO, élancé, de la Maurienne.
Glandée d'Amérique (un arbre à cime morte, de 10 mètres de hauteur et de 50 centimètres de circonférence).

304. ———— PIN MUGHO, de la Malmaison.
Glandée d'Amérique (hauteur : 8 mètres; circonférence : 30 centimètres). — *Enclos des Pins* (une ligne (1831-1835), de 5 mètres de hauteur et de 40 centimètres de circonférence).

Ces Pins, qui proviennent de graines recueillies à la Malmaison, sont branchus à partir du sol et ressemblent presque à des cépées.

305. ———— PIN MUGHO, de la Maurienne.
Enclos des Pins (une ligne, de 8 mètres de hauteur et de 60 centimètres de circonférence).

Bien que chétifs, ils ont une tige bien formée.

306. ———— PIN MUGHO, du Valais.
Enclos des Pins (une ligne (1832-1839), de 5 mètres de hauteur et de 50 centimètres de circonférence).

307. ———— PIN MUGHO, élancé, à tige unique, du Valais.
Glandée d'Amérique (cinq arbres de 10 mètres de hauteur et de 50 centimètres de circonférence).

308. ———— PIN MUGHO, élancé, à tige unique, d'un sujet de la propriété de M. de Vilmorin, à Verrières.
Enclos des Pins (hauteur : 4 mètres; circonférence : 30 centimètres).

309. *P. M.* — *Pin pumilio*, du Valais.

> Enclos des Pins (une ligne (1833), de 7 mètres de hauteur et de 40 centimètres de circonférence).

310. ———— *suffis*. — Grenoble.

> Enclos des Pins (une ligne (1832-1833), de 9 mètres de hauteur et de 40 centimètres de circonférence).
>
> Végétation lente, mais tige bien formée, non branchue dès la base.

311. ———— À CROCHETS. — Pyrénées.

> Enclos des Pins (une ligne, de 5 mètres de hauteur). — *Arboretum*, pelouse V.

Ils proviennent probablement de ces sujets rabougris, dont on trouve toujours quelques pieds sur les sommets des Pyrénées où ils sont constamment battus par les tempêtes. Il existe dans les Pyrénées-Orientales, à 1,500 et 1,800 mètres d'altitude, des forêts de Pins à crochets, qui forment de beaux massifs de 20 et 25 mètres de hauteur et fournissent un bois de premier ordre.

312. ———— À CROCHETS. — Prades.

> Jeunes plants en pépinière provenant des graines récoltées dans les massifs des Pyrénées-Orientales cités à l'article précédent.

313. *Pinus Sylvestris*. Lin. [Pin Sylvestre]. — Indigène.

> Sables-Paillenne, au coin de l'*Arboretum* (hauteur : 10 mètres; circonférence : 40 centimètres).

Ils sont classés à part parce que leur provenance est inconnue; ce sont des semis naturels, mélangés de Laricios de Calabre.

PINS SYLVESTRES DE PROVENANCES DIVERSES.

I. PINS DE RIGA. — GRAINE DE RUSSIE.

314. *P. S. de Riga.* — Riga (Graine envoyée d   par M. Helmand.

> Enclos des Pins (un massif, de 18 mètres de hauteur et de 80 centimètres de circonférence, et quatre lignes (1836), de 20 mètres de hauteur et de 80 centimètres de circonférence).

315. *P. S. de Riga.* — Riga (Graine envoyée de) par M. Zigra.

> *Enclos des Pins* (deux massifs formés chacun de quatre lignes plantées en 1830, de 19 mètres de hauteur et de 50 à 80 centimètres de circonférence, et un massif provenant d'un semis exécuté en 1823, de 18 mètres de hauteur et de 50 centimètres à 1 mètre de circonférence).

316. ———— Tschernigoff (Graine envoyée de) par M. Wagner.

> *Triangle des Sables-Paillenne* (six arbres de 14 mètres de hauteur et de 80 centimètres de circonférence).

317. ———— Wilna (Graine envoyée de) par M. Wagner.

> *Triangle des Sables-Paillenne* (six arbres de 15 mètres de hauteur et de 70 centimètres de circonférence).

318. ———— Witepsk (Graine envoyée de) par M. Wagner.

> *Triangle des Sables-Paillenne* (cinq arbres de 15 mètres de hauteur et de 70 centimètres de circonférence).

319. ———— Wolhynie (Graine envoyée de la) par M. Cam. Petrowski.

> *Triangle des Sables-Paillenne* (six arbres de 14 mètres de hauteur et de 80 centimètres de circonférence). — *Sables-Paillenne* (une ligne et demie, de 15 mètres de hauteur et de 50 centimètres de circonférence).

320. ———— Mélange d'arbres des provenances précédentes.

> *Enclos des Pins* (un massif, mélangé de Pins maritimes aujourd'hui dépérissants, de 19 mètres de hauteur et de 60 centimètres à 1 mètre de circonférence).

De tous les Pins sylvestres, le Pin de Riga est celui qui mérite incontestablement la préférence à cause de sa beauté. Sa tige, parfaitement verticale, s'élève à une grande hauteur, en conservant toujours une forme presque cylindrique; les branches latérales, peu nombreuses, ne prennent jamais un grand développement et ne produisent pas, comme dans le Pin de Haguenau, une déformation du fût. L'écorce, très-rouge à partir de 1ᵐ,50 du sol, est très-fine et se divise en lamelles, minces comme des feuilles de papier, au-dessous desquelles, à moins de 1 millimètre de profondeur, on trouve tout de suite l'enveloppe herbacée verte.

Quant à la qualité du bois, il n'en saurait être question ici, puisqu'elle ne se développe que chez les arbres qui ont crû lentement dans les climats froids.

Il serait à désirer que la graine de Riga se substituât partout pour les repeuplements, surtout en montagne, aux graines d'Allemagne, qui proviennent d'arbres de toute sorte, dont la forme est plus ou moins défectueuse. La dépense qui en résulterait ne serait pas très-considérable, puisque le commerce peut livrer la graine de Riga à 10 ou 11 francs le kilogramme, et on aurait du moins l'avantage d'être sûr d'obtenir de beaux massifs, ne donnant en quelque sorte que du bois de tige, qui est de beaucoup le plus précieux.

Les repeuplements en Pins de Riga doivent se faire par plantations, à cause de la cherté de la graine; d'ailleurs cette graine est toujours de bonne qualité, elle germe bien en pépinière et donne des plants très-vigoureux. Ce qui doit encore encourager à planter le Pin de Riga plutôt qu'à le semer, c'est que ce Pin est celui qui se repique avec le plus de facilité et dont la transplantation en forêt présente le plus de chances de succès. Dans les pépinières des Barres, ce sont toujours les repiquages de Riga qui sont les plus forts et les plus complets.

II. PINS DE RIGA. — GRAINE DE FRANCE.

321. *P. S. de Riga*. — Graine des Barres.

> *Triangle des Sables-Paillenne* (deuxième génération des Rigas Helmand et Zigra, seize lignes (1839), de 14 mètres de hauteur et de 60 centimètres de circonférence). — *Triangle des Sables-Paillenne* (un massif, de 10 mètres de hauteur et de 45 centimètres de circonférence, dans lequel se trouvent beaucoup de Sylvestres autres que les Rigas).

Il était essentiel de vérifier si les caractères, qui assurent au Pin de Riga sa supériorité sur les autres Sylvestres, se maintiendraient dans les générations suivantes. La preuve est faite pour la deuxième génération, qui est de tous points aussi belle que celle qui vient directement de Russie. De nouveaux semis exécutés avec les graines de la deuxième génération résoudront, dans quelques années, cette question d'une manière définitive.

On peut craindre cependant que, mélangées intimement comme elles le sont dans les massifs, les diverses variétés de Pins ne se croisent entre elles et que le produit qui en résultera ne soit inférieur aux précédents. C'est ce que l'avenir démontrera.

322. *P. S. DE RIGA*. — VIC (Graine envoyée de) par M. Batbedat.

<small>Enclos des Pins (quatre arbres, reste d'une ligne (1836), de 19 mètres de hauteur et de 90 centimètres de circonférence).</small>

323. ——— BERGERAC (Graine envoyée de), par M. Poussou d'Hollande.

<small>Enclos des Pins (une ligne, de 18 mètres de hauteur et de 1 mètre de circonférence). — Sables-Paillonne (onze lignes (1840-1841), de 17 mètres de hauteur et de 60 à 90 centimètres de circonférence).</small>

Ce Pin, comme les suivants, est un Riga de deuxième génération; c'est le moins beau de tous, bien qu'il soit encore supérieur au Pin de Haguenau; mais quelques arbres ont des formes un peu défectueuses.

324. ——— BREST (Graine envoyée de) par M. Noël.

<small>Sables-Rouges (vingt et une lignes (1833) incomplètes, formant un massif clair). — Enclos des Pins (cinq lignes, de 18 mètres de hauteur et de 60 centimètres à 1^m,20 de circonférence).</small>

Inférieur peut-être au Riga de deuxième génération des Barres, il est au-dessus de tous les autres Pins de même origine et se rapproche tellement des Rigas vrais, dont il a à peu près l'âge, qu'il faudrait l'œil exercé de M. de Vilmorin et sa connaissance profonde du Pin sylvestre pour reconnaître la différence.

325. ——— MORLAIX (Graine envoyée de) par M. Pennanech.

<small>Enclos des Pins (huit lignes (1830), de 19 mètres de hauteur et de 60 à 90 centimètres de circonférence).</small>

Même observation que pour le précédent, auquel il est égal.

III. PINS SYLVESTRES AUTRES QUE LE RIGA.

326. PIN SYLVESTRE. — ARDÈCHE (Graine envoyée de l') par M. Jacquemet-Bonnefond.

> Sables-Rouges (quatre lignes (1840), de 15 mètres de hauteur et de 70 centimètres de circonférence). — Enclos des Pins (2 lignes (1832) et un massif (1823), de 15 mètres de hauteur et de 50 à 80 centimètres de circonférence).

327. —— BORDEAUX (Graine envoyée de) par M. Leblond.

> Enclos des Pins (une ligne (1831), de 19 mètres de hauteur et de 90 centimètres de circonférence).

C'est un des plus beaux échantillons de Pin après le Riga, dont il se rapproche beaucoup; les tiges sont droites, bien soutenues, mais l'écorce n'est pas fine.

328. —— BRIANÇON (Graine envoyée de) par M. Faure.

> Enclos des Pins (trois lignes (1823-1826), de 15 mètres de hauteur et de 1 mètre de circonférence).

329. —— CHAMPAGNE (Graine envoyée de) par M. Ruinart de Brimont.

> Sables-Rouges (quatre lignes (1831), de 14 mètres de hauteur et de 70 centimètres de circonférence).

330. —— DARMSTADT (Graine envoyée de) par M. Keller.

> Sables-Rouges (huit lignes (1831), de 18 mètres de hauteur et de 80 centimètres de circonférence). — Enclos des Pins (une ligne (1833), de 17 mètres de hauteur et de 60 centimètres à 1^m,10 de circonférence).

(Voir le Pin de Haguenau, n° 335).

331. —— ÉCOSSE (Graine envoyée d') par M. James Reid.

> Enclos des Pins (douze lignes (1830), de 16 mètres de hauteur et de 80 centimètres de circonférence).

332. —— ÉCOSSE (Graine envoyée d') par M. Lawson.

> Triangle des Sables-Paillenne (cinq arbres (1839), dits à branches horizontales, de 13 mètres de hauteur et de 90 centimètres de circonférence, et une demi-ligne (1839), de 14 mètres de hauteur et de 1 mètre de circonférence).

333. Pin sylvestre. — Écosse (Graine envoyée d') par Mme Malcolm.

> Enclos des Pins (une ligne (1836), de 14 mètres de hauteur et de 60 centimètres à 1 mètre de circonférence).

Le Pin d'Écosse est le type de l'espèce. Il est, du moins aux Barres, inférieur même au Pin de Haguenau.

334. ——— Genève (Graine envoyée de) par Mme Filhol.

> Enclos des Pins (une ligne (1833-1835), de 10 mètres de hauteur et de 60 centimètres de circonférence).

C'est le moins beau de tous.

335. ——— Haguenau (Graine envoyée de) par M. Nebel.

> Sables-Rouges (dix lignes (1831), de 17 mètres de hauteur et de 60 à 80 centimètres de circonférence, mélangées de Laricios de Corse).
> — Enclos des Pins (deux lignes et un massif, de 18 mètres de hauteur et de 60 à 90 centimètres de circonférence).

Nous laisserons ici la parole à M. de Vilmorin qui, dans son *Exposé historique et descriptif de l'École forestière des Barres* (Paris, Bouchard-Huzard, 1864), a décrit d'une façon remarquable les traits caractéristiques, les défauts et les qualités de ce Pin :

« Le trait caractéristique et le défaut principal du Pin de Haguenau consistent dans l'excès de sa vigueur et surtout d'une vigueur mal répartie, qui se porte trop souvent dans les branches aux dépens de la tige. C'est par là qu'il diffère essentiellement des Pins de Riga francs. Sa tige est, en général, beaucoup moins verticale et moins régulière, souvent cambrée, déjetée ou dégrossissant brusquement par l'effet d'énormes branches gourmandes qui se projettent au loin et détruisent toute la régularité de l'arbre. Dans une variante qui se rencontre fréquemment, l'arbre est plus ramassé, le port général plus régulier; mais les couronnes, beaucoup trop fortes, transforment la cime en une pyramide excessivement épaisse et touffue, au milieu de laquelle la tige se perd presque.

« D'un autre côté, la couleur rougeâtre de l'écorce est moins uniforme et moins prononcée que dans les bons lots de Riga; elle commence généralement un à deux mètres plus haut; assez souvent même, l'écorce suit tout le corps de l'arbre, est grise ou très-

mêlée de gris plutôt que de rougeâtre. Celle de la base est plus
brune, plus épaisse et plus gercée.

« Tels sont, en général, les Pins de Haguenau dans l'École des
Barres. On voit par là que cette variété n'est pas identique, ainsi
que Bosc et avec lui plusieurs forestiers l'ont pensé, au Pin de
mâture du Nord, et que, d'un autre côté, malgré sa supériorité
en vigueur et en promptitude d'accroissement, elle lui est de beaucoup inférieure en qualité.

« A la vérité, on trouve dans la masse des Haguenau quelques
individus qui font exception, tout à fait réguliers de tige et de
couronne, à écorce franchement rouge et conservant en même
temps la supériorité de vigueur propre à leur race. Ceux-là peuvent
être comparés aux meilleurs Pins du Nord. Aussi, lorsqu'on en
viendra, si cela arrive, à créer, par le choix des individus, les meil-
leures races possibles, certaines variantes de celles-ci offriront-elles,
au besoin, de très-bons points de départ pour arriver à ce résultat.

« Indépendamment des différences que j'ai indiquées plus haut,
le Pin de Haguenau se distingue des Rigas par sa feuille plus
longue, plus écartée du rameau, ordinairement un peu courbe ou
contournée, d'un vert plus glauque, et par sa pousse, plus tardive
au printemps d'environ huit jours. Son bourgeon est un peu plus
coloré, ses cônes d'un gris moins uniforme, souvent d'une teinte
un peu violacée, terne ou rougeâtre; mais les caractères tirés soit
des bourgeons, soit des cônes, ne sont pas assez tranchés, ni surtout assez constants pour fournir de bons moyens de distinction;
du moins n'y en ai-je pas trouvé. C'est donc essentiellement sur
ceux que j'ai donnés plus haut que je me suis fondé pour séparer
le Haguenau des Rigas. »

336. PIN SYLVESTRE. — LOUVAIN (Graine envoyée de) par
M. Stappaert.

Sables-Rouges (dix-sept lignes (1837), de 18 mètres de hauteur et de
80 centimètres de circonférence). — *Enclos des Pins* (deux lignes
(1830-1835), de 17 mètres de hauteur et de 60 centimètres à 1 mètre
de circonférence).

Bien qu'il ait été envoyé comme Riga, il ne l'est probablement
pas. Le lot de l'Enclos des Pins, supérieur par la forme à celui
des Sables-Rouges, est cependant encore inférieur aux Haguenau.

337. PIN SYLVESTRE. — MAINE (Graine envoyée du) par M. Vétillard.

    Enclos des Pins (quatre lignes (1830), de 19 mètres de hauteur et de 60 centimètres à 1 mètre de circonférence).

Pins d'une belle végétation et d'assez bonne forme; ils contiennent cependant une proportion assez forte de sujets défectueux.

338. ——— TARARE (Graine envoyée de) par M. Posuel de Verneaux.

    Enclos des Pins (une ligne (1840), de 12 mètres de hauteur et de 60 centimètres de circonférence).

A peu près semblable au Pin de l'Ardèche et au Pin de Genève.

339. ——— TOULOUSE (Graine récoltée à) dans le jardin de M. Picot-Lapeyrouse.

    Côte des Genêts (hauteur : 18 mètres; circonférence : 90 centimètres).
    — *Enclos des Pins* (neuf arbres (1826) de 20 mètres de hauteur et de 1 mètre à 1^m,25 de circonférence, et cinq lignes).

340. ——— VERRIÈRES (Graine récoltée à) par M. de Vilmorin.

    Sables-Rouges (deux lignes (1833), de 17 mètres de hauteur et de 70 centimètres de circonférence). — *Enclos des Pins* (une ligne (1830-1831), de 18 mètres de hauteur et de 60 centimètres à 1 mètre de circonférence).

Les graines ont été tirées d'un sujet à branches pyramidées.

341. ——— VERRIÈRES (Graine récoltée à) par M. de Vilmorin.

    Sables-Rouges (deux lignes (1833), de 17 mètres de hauteur et de 70 centimètres de circonférence). — *Enclos des Pins* (trois lignes, de 18 mètres de hauteur et de 60 centimètres à 1 mètre de circonférence).

Les graines ont été tirées d'un sujet à branches étalées. Ce lot et le précédent se confondent tellement aujourd'hui qu'ils ne peuvent plus se distinguer l'un de l'autre.

342. ——— *MONTANA?* — DARMSTADT (Graine envoyée de) par M. Keller.

    Enclos des Pins (une ligne (1833) de dix arbres, de 15 mètres de hauteur et de 60 centimètres à 1^m,20 de circonférence).

L'épithète « *Montana* » indique probablement que les graines de ce Pin ont été recueillies en montagne. Il a tous les caractères du Sylvestre ordinaire. Comparé aux précédents, il est à peu près sur la même ligne que ceux de l'Ardèche, de Tarare et de Genève; ses tiges sont très-défectueuses.

343. Pinus densiflora. Sieb. et Zucc. [Pin densiflore]. — Japon.

Arboretum, pelouses IV et VI; jeunes plants.

344. —— Massoniana. Sieb. et Zucc. [Pin de Masson]. — Japon.

Arboretum, pelouses IV et V; jeunes plants.

345. —— laricio Austriaca. Endl. [Pin noir d'Autriche]. — Originaire d'Autriche.

Côte des Genêts (huit lignes, de 11 mètres de hauteur et de 50 centimètres à 1^m,20 de circonférence). — *Triangle des Sables-Paillenne* (une ligne (1839), de 12 mètres de hauteur et de 60 à 80 centimètres de circonférence). — *Sables-Paillenne* (trois lignes (1839-1841), de 15 mètres de hauteur et de 60 à 90 centimètres de circonférence).

346. —— laricio. Calabrica. Hort. — *Pinus laricio stricta.* Carr. [Pin Laricio de Calabre]. — Italie méridionale.

Ancienne Pépinière (un sujet de 22 mètres de hauteur et de 1^m,80 de circonférence; un autre, arbre isolé, porte-graines, de 18 mètres de hauteur et de 1^m,90 de circonférence). — *Caillouîière* (deux lignes (1835), de 20 mètres de hauteur et de 80 centimètres à 1^m,60 de circonférence). — *Pièce Pophillat* (cinq lignes, de 22 mètres de hauteur et de 60 centimètres à 1^m,75 de circonférence). — *Côte des Genêts* (sept lignes, de 16 mètres de hauteur et de 60 centimètres à 1 mètre de circonférence). — *Enclos des Pins* (huit lignes, formant le lieu dit *Les Quinconces*, de 22 mètres de hauteur et de 1 mètre à 1^m,70 de circonférence; quatre arbres isolés de 20 mètres de hauteur et de 1^m,40 de circonférence; et un massif de 25 mètres de hauteur et de 70 centimètres à 1^m,50 de circonférence). — *Sables-Paillenne* (une ligne (1846), de 14 mètres de hauteur et de 90 centimètres de circonférence, et un massif de 22 mètres de hauteur et de 80 centimètres à 1^m,90 de circonférence, en mélange avec des Laricios de Corse). — *Glandée du Parc* (un arbre de 20 mètres de hauteur et de 1ᵐ,70 de circonférence, et plusieurs pieds disséminés dans le massif). — *Arboretum*, pelouse V (un sujet de 7 mètres de hauteur et de 80 centimètres de circonférence).

Le Pin Laricio de Calabre a été introduit en France par M. de Vilmorin en 1819, 1820 et 1821. Il est devenu assez commun dans les cultures; mais il n'a pas encore pris dans les forêts la place qu'il mériterait d'avoir. Il réunit, en effet, toutes les qualités d'une essence résineuse de premier ordre : c'est un arbre de première grandeur, d'une végétation très-active, formé d'un fût droit, élancé, presque cylindrique et sans branches latérales. Ce caractère de la rectitude et de la hauteur du fût est tellement prononcé qu'il fait reconnaître immédiatement ce Pin lorsqu'il est mélangé avec toutes les essences résineuses autres que le Laricio de Corse, dont il se rapproche tellement qu'il se confond presque avec lui. Il se distingue à première vue du Pin d'Autriche par sa tige d'un gris plus clair, par ses feuilles d'un vert glauque, moins sombres et moins nombreuses, moins serrées contre le rameau et aussi, du moins aux Barres, par son port plus élancé et la petite quantité de ses branches. Son bois, assez chargé de résine, est d'aussi bonne qualité que peut l'être celui d'un Pin venu en plaine, sous un climat tempéré; en tous cas, il est au moins égal, sinon supérieur, à celui de n'importe quelle variété de Sylvestre cultivée dans les mêmes conditions.

Il fructifie très-abondamment chaque année, et ses graines, d'excellente qualité, le disséminent naturellement. Il s'élève bien en pépinière, mais son jeune plant, de même que celui du Laricio de Corse, reprend difficilement quand on le repique.

C'est là un inconvénient grave pour la propagation de cette essence, car la plantation est le seul moyen pratique de la répandre. Sa graine est, en effet, très-chère : chez M. Vilmorin-Andrieux, à Paris, elle vaut 10 francs les 100 grammes, ce qui correspond à 100 francs le kilogramme ou 5,000 francs l'hectolitre. Ce prix exorbitant est, pour le moment, un obstacle insurmontable à l'emploi du Pin de Calabre dans les repeuplements; mais on pourrait tourner la difficulté en créant préalablement, dans une forêt domaniale quelconque, un massif de grande étendue à l'aide des plants obtenus avec la graine des Barres; en moins de vingt ans, la récolte des cônes serait assez considérable pour fournir chaque année en pépinière quelques millions de plants.

Le Pin de Calabre est l'essence qui s'accommode le mieux du mélange avec le Chêne, qu'il dépasse rapidement en hauteur, mais sans lui nuire, à cause du peu de développement de ses branches latérales. On voit un exemple très-frappant de ce fait dans la Glandée du Parc, perchis de Chênes très-serrés, dans lequel sont disséminés quelques Laricios de Calabre, d'une végétation véritablement remarquable. Introduit dans les taillis sous futaie, soit pour combler les vides, soit en mélange intime avec le Chêne, et conservé à l'état de réserve pendant un temps suffisant, ce Pin augmenterait la production ligneuse sans compromettre aucunement l'existence du taillis.

Il semble que les régions montagneuses du midi de la France, les Cévennes, les Alpes de Provence, la montagne Noire et les Pyrénées (Aude, Pyrénées-Orientales) seraient le pays le plus convenable pour la création de massifs de cette essence, car les Laricios sont, en général, des arbres des contrées méridionales; le Pin d'Autriche étant réservé pour les sols calcaires, le Pin de Calabre devrait être introduit dans les sols siliceux d'altitude moyenne, tandis que le Pin de Riga, à l'exclusion des Pins venus de graines d'Allemagne, serait employé à combler les vides nombreux des magnifiques sapinières de l'Aude et des régions élevées de cette partie de la France.

Les qualités de l'arbre dont nous venons de parler ne doivent pas cependant faire oublier un défaut qu'on remarque assez fréquemment chez lui : il arrive souvent aux Barres que, à une hauteur de 10 à 12 mètres, sa tige se bifurque par suite de la mort du bourgeon terminal et du développement des bourgeons latéraux.

Le pied de 22 mètres de hauteur et de 1^m,80 de circonférence, qui se trouve dans l'Ancienne Pépinière, est très-remarquable par la forme de ses branches; celles-ci partent d'abord horizontalement jusqu'à une certaine distance de la tige, puis se courbent brusquement presque à angle droit et se rapprochent ensuite du fût le long duquel elles se dressent comme de jeunes arbres en massif serré. Cette anomalie doit tenir probablement à l'avortement régulier des bourgeons terminaux des branches latérales, et il est d'autant plus remarquable que celles-ci ont pris, dès le pied de l'arbre, un très-grand développement, ce qui est très-rare chez le Pin de Calabre. Cela n'empêche pas d'ailleurs la tige principale d'être très-droite et très-forte.

347. PINUS LARICIO CALABRICA. [Pin Laricio de Calabre]. — Deuxième génération, graine des Barres.

<blockquote>
Sables-Rouges (quarante-huit lignes (1857), de 12 mètres de hauteur et de 50 centimètres de circonférence). — Côte des Genêts (un massif, de 13 mètres de hauteur et de 40 centimètres à 1^m,10 de circonférence). — Sables-Paillenne (un petit massif provenant d'une ancienne pépinière, de 13 mètres de hauteur et de 60 centimètres de circonférence; dix lignes en massif (1839), de 14 mètres de hauteur et de 50 à 90 centimètres de circonférence; une ligne isolée (1839), de 15 mètres de hauteur et de 60 centimètres à 1 mètre de circonférence).
</blockquote>

Comme pour le Pin de Riga, il était indispensable de vérifier si les Pins de Calabre conserveraient, à la deuxième génération, les qualités qui distinguent la première. Le résultat a été favorable et les jeunes massifs sont aussi beaux que leurs aînés. L'expérience va être continuée pour la troisième génération.

348. —— LARICIO CALABRICA? — Pin venant du mont Etna.

<blockquote>
Ancienne Pépinière (hauteur : 13 mètres; circonférence : 1^m,10).
</blockquote>

Cet arbre, âgé de 34 ans, ne paraît différer en rien du Laricio de Calabre.

349. —— LARICIO CARAMANICA. Spach. [Pin Laricio de Caramanie]. — Asie Mineure.

<blockquote>
Enclos des Pins (trois pieds de 18 mètres de hauteur et de 80 centimètres de circonférence). — Triangle des Sables-Paillenne (une ligne, de 17 mètres de hauteur et de 90 centimètres de circonférence).
</blockquote>

Quoique voisin du Pin de Calabre, il est cependant moins beau. Il a été introduit en France en 1798 par M. Olivier, membre de l'Institut. Les trois pieds de l'Enclos des Pins ont été donnés par M. A. Leroy en 1828 et sont la deuxième génération des arbres rapportés du Levant. Le Pin de Caramanie pourrait être essayé dans le midi de la France en même temps que les Laricios de Calabre et de Corse.

350. P*inus laricio Taurica*. [Pin de Tauride].

> *Triangle des Sables-Paillenne* (un massif (1835-1845), de 16 mètres de hauteur et de 1 mètre de circonférence, dont quelques arbres de 18 mètres de hauteur et de 1^m,90 de circonférence). — *Sables-Paillenne* (cinq lignes (1837-1841), de 16 mètres de hauteur et de 80 centimètres à 1^m,20 de circonférence).

Paraît identique au P. Caramanica.

351. ——— *laricio Corsica*. — *Pinus Corsicana*. Loud.— *Pinus Poiretiana*. Endl. [Pin Laricio de Corse]. — Montagnes de la Corse.

> *Sables-Rouges* (en mélange avec les Pins de Haguenau). — *Pièce Pophillat* (sept lignes, de 18 mètres de hauteur et de 60 centimètres à 1 mètre de circonférence, et un massif mélangé de Pins Veymouth). —*Côte des Genêts* (hauteur : 17 mètres ; circonférence : 90 centimètres). — *Enclos des Pins* (un massif (1823), de 18 à 24 mètres de hauteur et de 60 centimètres à 1^m,30 de circonférence). — *Sables-Paillenne* (un massif (1822) mélangé de Laricios de Calabre; hauteur : 20 mètres; circonférence : 60 à 90 centimètres).

Il se rapproche tellement du Laricio de Calabre qu'il est parfois difficile de l'en distinguer. Il lui est égal à tous égards, sauf peut-être au point de vue de la végétation, et il serait avantageux de le répandre dans toutes les montagnes du midi de la France, en faisant récolter dans les forêts de la Corse toute la graine nécessaire.

Le jeune plant de Laricio de Corse présente un aspect particulier; ses feuilles sont frisées et recroquevillées en tous sens, comme si elles avaient été exposées à une forte chaleur; ce caractère se retrouve aussi, quoique moins prononcé, dans le Pin de Calabre.

352. ——— *Salzmanni*. Dunal. [Pin de Saint-Guilhem]. — Forêts des Cévennes.

> Jeunes plants de deux ans en pépinière.

353. ——— *Fenzlii*. Ant. et Kotschy. [Pin de Fenzli]. — Asie Mineure.

> Greffe en pépinière.

354. ——— *rubra*. Mich. [Pin rouge]. — Nord des États-Unis.

> *Côte des Genêts* (un pied, greffé sur Sylvestre, de 10 mètres de hauteur et de 50 centimètres de circonférence). — *Enclos des Pins* (une

ligne de cinq arbres de 3 mètres de hauteur; sur le bord du *Chemin Neuf*, un de 8 mètres de hauteur et de 60 centimètres de circonférence, à demi renversé par le vent).

355. PINUS PYRENAICA. Lapeyr. [Pin des Pyrénées]. — Pyrénées.

Ancienne Pépinière (trois pieds isolés de 8 à 10 mètres de hauteur et de 50 à 60 centimètres de circonférence, et un massif de trente-deux arbres de 10 mètres de hauteur et de 90 centimètres de circonférence). — *Sables-Paillenne* (trois lignes (1839-1845), de 15 mètres de hauteur et de 50 à 80 centimètres de circonférence).

Ces Pins viennent de Bagnères-de-Luchon. Ils ont, sauf sur la ligne qui se trouve aux Sables-Paillenne, une apparence peu vigoureuse; leur feuillage, grêle et peu touffu, ressemble un peu à celui du Laricio de Corse. Ils se distinguent facilement des autres Laricios par la netteté avec laquelle la cicatrice des aiguilles tombées persiste sur les branches et sur les jeunes tiges.

356. —— HALEPENSIS. Mill. [Pin d'Alep]. — Midi de la France.

Jeunes plants de deux ans en pépinière.

357. —— PAROLINIANA?

Ancienne Pépinière (hauteur : 10 mètres; circonférence : 1 mètre). — *Arboretum*, pelouse V.

Ce Pin n'a pas été déterminé, bien qu'il soit étiqueté P. Paroliniana. C'est certainement un Laricio, et il vient, paraît-il, de l'Asie; il diffère beaucoup, par le port et par le feuillage, du P. Pyrenaica; ce n'est donc pas le P. Parolinianus, Webb., dont Carrière, dans son *Traité général des Conifères*, fait un P. Pyrenaica.

358. ARAUCARIA IMBRICATA. Pav. — *Colymbea imbricata.* Carr. [Araucaria imbriqué]. — Chili.

Arboretum et Cour d'honneur.

359. GINCKO BILOBA. Lin. [Gincko bilobé]. — Chine et Japon.

Arboretum, pelouses V, VIII et IX. — *Cour d'honneur.*

360. CEPHALOTAXUS PEDUNCULATA. Sieb. et Zucc. [Céphalotaxe pédonculé]. — Japon.

Arboretum, pelouse XIII.

361. *Cephalotaxus Fortunei*. Hook. [Céphalotaxe de Fortune]. — Chine et Japon.
Arboretum, pelouse XIII.

362. —— *drupacea*. Sieb. et Zucc. [Céphalotaxe drupacé]. — Chine et Japon.
Arboretum, pelouses III et IV.

363. *Torreya nucifera*. Sieb. et Zucc. [Torreya porte-noix]. — Japon.
Arboretum, pelouses III et IV.

364. *Taxus baccata*. Lin. [If commun]. — Indigène.
Ancienne Pépinière. — Arboretum, pelouses III et IV.

365. —— *baccata pyramidalis*. [If pyramidal].
Arboretum, pelouse IX.

366. —— *baccata fastigiata*. Loud. — *Taxus hybernica*. Hook. [If d'Irlande].
Arboretum, pelouse IV.

LISTE ALPHABÉTIQUE
DES ESSENCES CONTENUES DANS CHAQUE PARCELLE.

(Les numéros sont ceux du Catalogue.)

ANCIENNE PÉPINIÈRE.

Abies Cephalonica......... 258	Fagus sylvatica.......... 141
—— Cilicica............. 266	Fraxinus Americana....... 24
—— Douglasii........... 268	Gleditschia triacanthos..... 61
—— morinda............ 276	Halesia tetraptera......... 29
—— pinsapo............ 265	Juglans alba............ 138
—— Webbiana.......... 263	—— alba, à très-larges feuilles. 139
Acer campestre........... 84	—— amara............ 137
—— Monspessulanum..... 85	—— cathartica......... 135
—— Neapolitanum....... 86	—— nigra............. 134
—— pseudo-platanus...... 81	—— porcina........... 140
Alnus cordata............ 216	—— tomentosa......... 138
Betula papyracea.......... 210	—— tomentosa, à très-larges
Biota orientalis........... 231	feuilles............. 139
Castanea vulgaris heterophylla. 144	Juniperus Chinensis mascula. 223
Cerasus avium........... 55	—— excelsa........... 227
—— padus............. 57	—— thurifera.......... 226
Cerisier à fleurs doubles..... 59	—— Virginiana......... 229
Cornus florida............ 38	Kælreuteria paniculata..... 97
Corylus byzantina......... 203	Larix Europæa.......... 278
—— coturna............ 203	Liriodendron tulipifera..... 109
Cratægus azarolus, à fleurs	Maclura aurantiaca....... 123
doubles............. 50	Magnolia acuminata....... 108
Cryptomeria Japonica...... 249	Morus alba............. 122
Cytisus laburnum......... 74	Picea alba cœrulea........ 271
Diospyros Virginiana...... 13	—— morinda........... 276

Pinus nigra	272	Quercus macrocarpa	165
—— cembra	284	—— Mirbeckii	162
—— excelsa	286	—— obtusiloba	166
—— inops	301	—— palustris	183
—— laricio Calabrica	346	—— pedunculata pyramidalis	147
—— laricio Calabrica du mont Etna	348	—— phellos	170
		—— pseudo-suber	157
—— mitis	302	—— rubra	184
—— paroliniana	357	—— suber	161
—— Pyrenaica	355	—— tinctoria	181
—— rigida	293	—— tozza	154
—— tæda	294	—— ? de M. de Montbron	187
Planera crenata	119	Rhus coriaria	79
Populus lævigata	130	Robinia hispida	72
Prunus domestica mirobolana	54	—— pseudo-acacia	68
Quercus Ægilops	188	—— viscosa	71
—— alba	163	Sorbus domestica	45
—— aquatica	174	—— domestica, var. à gros fruits	46
—— cerris	155		
—— cerris laciniata	156	Taxodium distichum	247
—— ferruginea	176	—— distichum fastigiatum	248
—— ilex rotundifolia	159	—— sempervirens	250
—— imbricaria	171	Taxus baccata	364
—— lyrata	176	Tilia argentea	99

CAILLOUTIÈRE.

La Cailloutière comprend : 1° un massif incomplet, avec sous-bois de Pins et d'arbustes indigènes ; 2° une châtaigneraie de quelques ares ; 3° le jardin du brigadier ; 4° une pépinière de création récente.

Alnus cordata	216	Quercus palustris	183
Castanea vulgaris	143	—— rubra	184
Pinus laricio Calabrica	346	—— rubra ambigua	185
Populus alba	129	—— tinctoria	181
Quercus cerris laciniata	156	Robinia pseudo-acacia spectabilis	69
—— coccinea	182		
—— obtusiloba	160	Sorbus domestica	45

BOIS DES BERGÈRES.

Taillis sous futaie de Chêne pur, surmonté de réserves dont plusieurs ont été traitées par le système d'élagage de M. des Cars.

Cerasus Mahaleb.................................... 56

COUR D'HONNEUR.

Abies morinda............	276	Gincko biloba.............	359
—— pinsapo.............	265	Picea morinda.............	276
Araucaria imbricata........	358	Taxodium sempervirens.....	250

POTAGER.

Cedrus Libani.............	282	Quercus suber.............	161
Paulownia imperialis.......	9		

PARC.

Massif de Chêne et Charme sur souches. La plupart des arbres énumérés ci-dessous se trouvent derrière la maison d'habitation.

Abies pectinata............	257	Liriodendron tulipifera.....	109
—— pinsapo.............	265	Magnolia acuminata........	108
Acer campestre............	84	Pavia lutea...............	95
—— Neapolitanum........	86	Phillyrea latifolia..........	17
—— opulifolium.........	82	Picea alba................	270
Æsculus hippocastanum....	94	—— excelsa.............	274
Ailanthus glandulosa.......	101	Quercus pedunculata, à feuilles	
Bignonia catalpa...........	10	pétiolées...............	148
Catalpa bignonioïdes........	10	Sambucus nigra...........	4
Cerasus Lusitanica.........	58	Symphoricarpos racemosa...	3
Cerisier à fleurs doubles....	59	Syringa vulgaris...........	26
Cytisus laburnum..........	74	—— vulgaris, *grandiflora purpurea*...............	27
Daphne laureola...........	112		
Gleditschia triacanthos.....	61	—— vulgaris Persica......	28
Juglans regia..............	132	Tilia Americana...........	100
Larix Europæa.............	278	Virgilia lutea..............	63

PÉPINIÈRE DU VERGER.

Abies Cilicica	266	Quercus falcata	179
Castanea pumila	145	—— heterophylla	173
Juglans nigra	134	—— ilex ballota	160
—— olivæformis	136	—— lyrata	167
—— regia heterophylla	133	—— macrocarpa	165
Quercus ægilops	188	—— palustris	183
—— alba	163	—— pedunculata pyramidalis	147
—— Banisteri	177	—— ? présumé hybride	186
—— cerris	155	Sorbus domestica	45

ARBORETUM.
PELOUSE I.

Amelanchier vulgaris	48	Gymnocladus Canadensis	62
Amygdalus communis	53	Kælreuteria paniculata	97
Arbutus unedo	30	Larix Europæa	278
Buxus arborescens	115	Ligustrum vulgare	18
Cerasus padus	57	Pirus Japonica	42
Cerisier à fleurs doubles	59	Quercus cerris	155
Cotoneaster vulgaris	47	—— cerris laciniata	156
Cratægus azarolus	49	—— Mirbeckii	162
Cydonia vulgaris	41	—— obtusiloba	166
Deutzia crenata	39	—— palustris	146
Eleagnus angustifolia	114	—— suber	161
Evonymus Europæus	31	Rosa canina	52
Fagus sylvatica purpurea	142	Sorbus aria	43
Frangula vulgaris	34	Weigelia rosea	2

PELOUSE II.

Abies Cephalonica	258	Cratægus latifolia	51
—— Nordmanniana	256	Cupressus Lawsoniana	243
—— orientalis	273	Frangula vulgaris	34
—— pinsapo	265	Picea orientalis	273
Arbutus unedo	30	Quercus prinus discolor	168
Biota orientalis aurea	232	—— prinus monticola	169
Chamæcyparis Boursierii	243	Solanum dulcamara	8
Corylus avellana	201		

PELOUSE III.

Abies Cilicica	266	Chamæcyparis Boursierii	243
—— nobilis	255	Cupressus Lawsoniana	243
—— pinsapo	265	Taxus baccata	364
Cephalotaxus drupacea	362	Torreya nucifera	363

PELOUSE IV.

Biota orientalis elegantissima	236	Pinus excelsa	286
Cephalotaxus drupacea	362	—— Massoniana	344
Chamæcyparis Boursierii	243	—— mitis	302
Coronilla emerus	65	—— ponderosa	292
Cotoneaster vulgaris	47	—— strobus	287
Cupressus Lawsoniana	243	Pirus Japonica	42
Eleagnus angustifolia	114	Taxus baccata	364
Fagus sylvatica purpurea	142	—— baccata fastigiata	366
Juniperus communis, var. élancée, des Barres	219	—— hybernica	366
		Thuya gigantea	241
—— communis pendula	221	—— occidentalis nana compacta	240
—— Virginiana argentea	230		
Melia azedarach	80	Torreya nucifera	363
Phillyrea angustifolia	16	Viburnum opulus	7
Pinus Coulteri	290	—— tinus	5
—— densiflora	343	Wellingtonia gigantea	251

PELOUSE V.

Acer pseudo-platanus	81	chets)	311
Alnus cordata	216	Pinus paroliniana	357
Cerasus lusitanica	58	—— pence	285
Fraxinus excelsior	19	Platanus orientalis	124
—— oxyphylla	22	Salix nigra	128
Gincko biloba	359	—— viminalis	126
Phillyrea angustifolia	16	Sambucus nigra	4
Pinus cembra	284	Thuya gigantea	241
—— laricio Calabrica	346	—— occidentalis	239
—— Massoniana	344	Tilia grandifolia	98
—— montana (Pin à cro-		Viburnum lantana	6

PELOUSE VI.

Alnus glutinosa	213	Caragana altagana	67
—— glutinosa oxyacanthæfolia	215	Celtis australis	120
Berberis vulgaris	102	Fraxinus excelsior	19
—— vulgaris purpurea	103	Mahonia aquifolium	105
—— Wallichiana	104	—— Japonica	106
Betula alba	204	Pinus densiflora	343
—— lenta	212	Platanus orientalis	124
—— nana	207	Tilia argentea	99
—— urticifolia	209	—— grandifolia	98

PELOUSE VII.

Amorpha fruticosa	73	Quercus lyrata	167
Caragana altagana	67	Robinia pseudo-acacia	68
Cercis siliquastrum	60	—— Decaisniana	70
Colutea arborescens	66	Sophora Japonica	64
Cytisus laburnum	74	Spartium junceum	77
Quercus Ægilops	188	Virgilia lutea	63

PELOUSE VIII.

Abies pectinata	257	Betula alba fastigiata	205
Acer negundo, panaché	92	—— lenta	212
—— negundo Californicum	93	—— papyracea	210
—— rubrum	90	Fraxinus ornus	25
Ailanthus glandulosa	101	Gincko biloba	359
Alnus cordata	216	Juniperus communis	218
—— glutinosa	213	Lonicera caprifolium	1
—— glutinosa latifolia	214	Ulmus campestris	117

PELOUSE IX.

Abies Menziezii	269	Biota orientalis pendula	237
Biota orientalis	231	Chamæcyparis Boursierii	243
—— orientalis aurea	232	—— Nutkaensis	244
—— orientalis elegantissima	236	—— sphæroidea	242
—— orientalis falcata	235	Cornus sanguinea	37
—— orientalis lutea	234	Corylus avellana purpurea	202

Cryptomeria Japonica...... 249
Cupressus Lawsoniana...... 243
Fraxinus Americana....... 24
—— excelsior pendula..... 21
—— ornus............... 25
Gincko biloba............. 359
Juniperus Virginiana....... 229
Maclura aurantiaca........ 123
Picea Menziezii........... 269
Pinus ponderosa........... 292
—— pungens............ 300
—— rigida.............. 293
—— Sabiniana........... 289
—— Japonica............ 42
Quercus rubra............ 284
Retinospora obtusa........ 245

Retinospora squarrosa...... 246
Rhamnus alaternus........ 33
Sambucus nigra........... 4
Taxodium distichum....... 247
—— distichum fastigiatum.. 248
—— sempervirens........ 250
Taxus baccata pyramidalis... 365
Thuiopsis borealis......... 244
Thuya filiformis........... 237
—— gigantea............ 241
—— Lobbii.............. 238
—— Menziezii........... 238
—— occidentalis......... 239
Ulmus montana........... 118
Wellingtonia gigantea...... 251

PELOUSE X.

Acer eriocarpum.......... 89
—— negundo............ 91
—— negundo panaché..... 92
—— macrophyllum....... 88
—— Monspessulanum..... 85
—— Pensylvanicum....... 87
—— platanoides.......... 83
Alnus cordata............. 216
—— glutinosa............ 213
Aralia spinosa............. 35
Araucaria imbricata........ 358
Cercis siliquastrum........ 60
Corylus Bysantina......... 203

Corylus coturna........... 203
Diospyros Virginiana...... 13
Gleditschia triacanthos..... 61
Juniperus communis....... 218
Morus alba............... 122
Pavia Michauxi........... 96
Quercus imbricaria........ 171
—— macrocarpa......... 165
—— phellos............. 170
—— tozza............... 154
Symphoricarpos racemosa... 3
Vitex agnus castus......... 12

PELOUSE XI.

Acer negundo............. 91
—— negundo panaché..... 92
—— Neapolitanum....... 86
Araucaria imbricata........ 358

Carpinus betulus.......... 200
Catalpa Bungei........... 11
Cornus mas............... 36
Cratægus latifolia.......... 51

Deutzia crenata	39	Paulownia imperialis	9
Eronymus Europæus	31	Quercus alba	163
—— latifolius	32	—— aquatica laurifolia	175
Hippophae rhamnoïdes	113	—— coccinea	182
Juglans alba, à très-larges feuilles	139	—— falcata triloba	180
		—— ferruginea	176
—— amara	137	—— heterophylla	173
—— éathartica	135	—— obtusiloba	166
—— porcina	140	Sorbus aucuparia	44
—— tomentosa, à très-larges feuilles	139	Symphoricarpos racemosa	3
		Syringa vulgaris	26
Magnolia grandiflora	107	Vitex agnus castus	12
Morus alba	122	Weigelia rosea	2

PELOUSE XII.

Colutea arborescens	66	Cytisus Alpinus	75
Cornus mas	36	Quercus aquatica laurifolia	175
—— sanguinea	37	—— tinctoria	181

PELOUSE XIII.

Abies balsamea	261	Calycanthus floridus	40
—— Canadensis	253	Cedrus deodara	280
—— Cephalonica	258	Cephalotaxus Fortunei	361
—— Cilicica	266	—— pedunculata	360
—— Douglasii	268	Chamæcyparis Boursierii	243
—— lasiocarpa	262	Cryptomeria Japonica	249
—— Menziezii	269	Cupressus Lawsoniana	243
—— Nordmanniana	256	Picea excelsa	274
—— pichta	264	—— excelsa pyramidata	275
—— reginæ Ameliæ	259	—— Menziezii	269
Biota orientalis aurea	232	Quercus ilex	158
—— orientalis nana aurea	233	Thuya gigantea	241

PELOUSE XIV.

Abies firma	260	Acer platanoides	83
—— pectinata	257	—— pseudo-platanus	81
Acer negundo	91	Æsculus hippocastanum	94

Catalpa Bungei	11	Juniperus fragrans	228
Cedrus Atlantica	283	—— Japonica	225
—— deodara robusta	281	—— Sabina	222
—— Libani	282	—— Reevesiana	224
Cerasus padus	57	Maclura aurantiaca	113
Cryptomeria Japonica	249	Platanus occidentalis	115
Cunninghamia Sinensis	252	Populus angulata	131
Evonymus Europæus	31	—— lævigata	130
Frangula vulgaris	34	Quercus Catesbæi	178
Fraxinus excelsior	19	Rhamnus alaternus	33
—— excelsior pendula	21	Rhus coriaria	79
Ilex aquifolium	14	—— cotinus	78
—— ferox	15	Tamarix Germanica	110
Juglans nigra	134	—— Indica	111
Juniperus Chinensis fæmina	224	Taxodium sempervirens	251
—— communis Suecica	220	Wellingtonia gigantea	252

GLANDÉE DU PARC.

Jeune futaie de Chêne, avec quelques Pins Laricios de Calabre en mélange.

Pinus laricio Calabrica..................................... 346

SABLES-PAILLENNE.

Massif complet, bien venant, formant une partie de l'École des Pins.

Abies pinsapo	265	Pinus laricio Taurica	350
Fagus sylvatica	141	—— pinaster (Corte)	298
Larix Europæa	278	—— Pyrenaica	355
Pinus laricio Austriaca	345	—— rigida	293
—— laricio Calabrica	346	Pin sylvestre de Riga (Bergerac)	313
—— laricio Calabrica (Les Barres, 2ᵉ génération)	347	—— de Riga (Wolhynie)	319
—— laricio Caramanica	349	Quercus aquatica laurifolia	175
—— laricio Corsica	351		

TRIANGLE DES SABLES-PAILLENNE.

Suite du massif précédent, partie de l'École des Pins.

Pinus laricio Austriaca	345	nigoff)	316
—— laricio Caramanica	349	Pin sylvestre de Riga (Wilna)	317
—— laricio Taurica	350	—— de Riga (Witepsk)	318
Pin sylvestre d'Écosse (Lawson)	332	—— de Riga (Wolhynie)	319
—— de Riga (Les Barres, 2ᵉ génération)	321	Quercus pedunculata pyramidalis	147
Pin sylvestre de Riga (Tscher-		Salix capræa	127

GLANDÉE D'AMÉRIQUE.

Massif complet dans la partie Nord, coupé de nombreuses clairières dans la partie Sud; d'un bel aspect en automne par la variété et la richesse de coloration du feuillage des Chênes d'Amérique. On trouve en sous-bois des semis naturels de Pins de diverses sortes, tandis que dans le Triangle des Sables-Paillenne, dans l'Enclos des Pins et dans les Sables-Rouges, qui ne sont séparés de la Glandée d'Amérique que par la largeur d'un chemin, le sous-bois est formé exclusivement d'un semis naturel de Chênes d'Europe et d'Amérique, assez fourni sur certains points pour former presque un massif.

Alnus cordata	216	Pinus montana (P. mugho de la Malmaison)	304
—— rotundifolia	217	—— montana (P. mugho élancé du Valais)	307
Betula alba	204	—— tæda	294
—— dahurica	208	Quercus alba	163
—— lenta	212	—— Banisteri	177
—— papyracea	210	—— Catesbæi	178
—— populifolia	211	—— cerris	155
Celtis Australis	120	—— cerris laciniata	156
—— occidentalis	121	—— cinerea	172
Picea nigra	272	—— coccinea	182
Pinus mitis	302	—— falcata triloba	180
—— montana (P. mugho élancé)	303		

Quercus ferruginea	176	Quercus sessiliflora	149
—— macrocarpa	165	—— sessiliflora, à feuilles planes	150
—— obtusiloba	166		
—— palustris	183	—— sessiliflora glomerata	151
—— pedunculata, à feuilles pétiolées	148	—— sessiliflora laciniata	152
		—— sessiliflora pubescens	153
—— phellos	170	—— suber	161
—— prinus discolor	168	—— tinctoria	181
—— prinus monticola	169	—— tozza	154
—— pseudo-suber	157	Salix capræa	127
—— rubra	184	Ulmus Americana	116
—— rubra ambigua	185		

SABLES-ROUGES.

Pinus laricio Calabrica	346	Pin sylvestre (Louvain)	336
—— (Les Barres, 2ᵉ génération)	347	—— de Riga (Brest)	324
		—— (Verrières), branches étalées	341
—— laricio Corsica	351		
Pin sylvestre (Ardèche)	326	—— (Verrières), branches pyramidées	340
—— (Champagne)	329		
—— (Darmstadt)	330	Sorbier domestique	45
—— (Haguenau)	335		

PIÈCE POPHILLAT.

Pinus laricio Calabrica	346	Pinus strobus	287
—— laricio Corsica	351		

ENCLOS DES PINS.

L'Enclos des Pins, les Sables-Paillenne, le Triangle des Sables-Paillenne, les Sables-Rouges et la Pièce Pophillat constituent ce que M. de Vilmorin appelait l'École des Pins, collection peut-être unique au monde de Pins de diverses espèces, et particulièrement de Pins sylvestres de toutes provenances. On trouvera dans la Notice qui précède le Catalogue, et surtout dans l'*Exposé historique et descriptif de l'École forestière des Barres*[1], les

---

[1] *Exposé historique et descriptif de l'École forestière des Barres* (Loiret), par M. de Vilmorin. — Extrait des Mémoires de la Société impériale et centrale d'agriculture de France (année 1862). Paris, 1864.

motifs qui ont engagé M. de Vilmorin à créer cette collection, ainsi que la description et le classement des Pins qui la composent. Voici ce que ce savant écrivait à ce sujet en 1831 dans le *Traité pratique de la culture des Pins à grandes dimensions*, par Louis-Gervais Delamarre (3ᵉ édition, page 24, note) :

« Quoique les distinctions entre les divers Pins sylvestres, adoptées ici par M. Delamarre, soient, les unes admises généralement, les autres appuyées sur le sentiment d'auteurs estimés, je ne pense pas cependant que l'on puisse les regarder comme absolument certaines ni définitives. D'assez longues études sur ce sujet m'ont donné la conviction que les variétés du Pin sylvestre n'ont pas été jusqu'ici suffisamment confrontées entre elles, qu'il en est résulté plusieurs erreurs et que la solution de tous les doutes ne pourra être obtenue qu'à l'aide d'écoles ou collections d'étude, où l'on réunirait sur le même terrain et par massifs distincts tout ce qui est réputé variété ou espèce voisine du *Pinus sylvestris*. Cette question étant susceptible de développements trop longs pour une note, je me propose de la traiter dans un écrit particulier. »

Si la question de l'unité de l'espèce Pin sylvestre, soulevée dans cette note, n'est pas encore résolue au point de vue botanique, il n'en est pas moins démontré, par la seule inspection de l'École, que les Pins sylvestres de diverses provenances diffèrent considérablement entre eux au point de vue du port et de la conformation du fût, et que ces caractères, les seuls importants au point de vue forestier, sont héréditaires au moins pendant deux générations. Les nouveaux massifs de troisième génération, qui vont être placés dans la terre de la Grande-Métairie, établiront ce point d'une façon en quelque sorte définitive.

Abiès Cilicica	266	Pinus montana (Pin à crochets)	311
—— pectinata	257	—— montana (P. mugho de la Malmaison)	304
Betula alba	204		
Castanea vulgaris	143	—— montana (P. mugho de la Maurienne)	305
Cedrus Libani	282		
Pinus cembra	284	—— montana (P. mugho du Valais)	306
—— excelsa	286		
—— inops	301	—— montana (P. mugho élancé de Verrières)	308
—— laricio Calabrica	346		
—— laricio Corsica	351		
—— mitis	302	—— montana (P. pumilio)	309

Pinus montana (P. suffis)...	310	Pin sylvestre (Louvain).....	336
—— pinaster (Belgique)...	296	—— (Maine).............	337
—— pinaster (Bordeaux)...	297	—— de Riga............	320
—— pinaster (Corte)......	298	—— de Riga (Bergerac)....	323
—— pinaster (Maine)......	299	—— de Riga (Brest)......	324
—— pungens.............	300	—— de Riga (Morlaix)....	325
—— rigida..............	293	—— de Riga (Riga, Hel- mand)................	314
—— rubra...............	354		
—— Sabiniana...........	289	—— de Riga (Riga, Zigra)..	315
—— Sinensis............	288	—— de Riga (Vic)........	322
Pin sylvestre (Ardèche).....	326	—— (Tarare)............	338
—— (Bordeaux)..........	327	—— (Toulouse)..........	339
—— (Briançon)..........	328	—— (Verrières), branches étalées................	341
—— (Darmstadt).........	330		
—— (Écosse, James Reid)..	331	—— (Verrières), branches py- ramidées.............	340
—— (Écosse, Malcolm)....	333		
—— (Genève)............	334	Pinus sylvestris montana....	342
—— (Haguenau).........	335	Quercus tinctoria..........	181

ENCLOS DES PINS (*CARRÉ MICHAUX*).

Picea nigra..............	272	Quercus prinus monticola...	169
Quercus falcata triloba......	180	—— tinctoria...........	181
—— obtusiloba...........	166		

CÔTE DES GENÊTS.

Massif mélangé de Pins maritimes, Pins sylvestres et Pins de Calabre, les premiers dépérissants. Cette parcelle, en très-mauvais état, serait déjà abattue si elle ne servait à protéger les plus beaux massifs de l'Enclos des Pins contre la violence des vents du sud-ouest; ces vents sont très-dangereux pour les peuplements des Barres, parce qu'ils sont accompagnés de pluies qui détrempent le sol sablonneux et produisent de nombreux chablis.

Castanea vulgaris..........	143	Pinus laricio Corsica	351
Pinus laricio Austriaca......	345	—— rubra..............	354
—— laricio Calabrica......	346	—— sylvestris (Toulouse)..	339
Pinus laricio Calabrica (Les Barres, 2ᵉ génération)....	347	Quercus tozza............	154

TERRE DE LA GRANDE MÉTAIRIE.

Cette parcelle, encore à l'état de terrain vague, est destinée à la continuation des expériences de M. de Vilmorin sur les Chênes d'Amérique et les principales variétés de Pins, et à la création de nouveaux massifs d'autres essences encore mal connues. Elle sera divisée en quarante portions d'environ 20 ares chacune, qui seront parfaitement délimitées et numérotées sur le terrain. La division projetée est figurée sur le plan ; elle sera continuée lorsqu'on exploitera la portion du massif de Pins qui se trouve au sud du chemin qui coupe en deux la Côte des Genêts.

Voici la liste des essences avec l'indication des carrés dans lesquels elles seront placées :

    I. Quercus tinctoria (Amérique du Nord), 2ᵉ génération. Taillis.
    (Il existe déjà un massif de Q. tinctoria en futaie.)
    II. Quercus phellos (Amérique du Nord), 2ᵉ génération. Futaie.
    III. Quercus phellos (Amérique du Nord), 2ᵉ génération. Taillis.
    IV. Quercus heterophylla (Amérique du Nord), 2ᵉ génération............ Futaie.
    V. Quercus heterophylla (Amérique du Nord), 2ᵉ génération............ Taillis.
    VI. Quercus falcata (Amérique du Nord), 2ᵉ génération. Futaie.
    VII. Quercus falcata (Amérique du Nord), 2ᵉ génération. Taillis.
    VIII. Quercus rubra (Amérique du Nord), 2ᵉ génération.. Taillis.
    (Il existe déjà un massif de Q. rubra en futaie.)
    IX. Quercus palustris (Amérique du Nord), 2ᵉ génération. Futaie.
    X. Quercus palustris (Amérique du Nord), 2ᵉ génération. Taillis.
    XI. Quercus acuta (Japon)............ Futaie.
    XII. Quercus cuspidata (Japon)............ Futaie.
    XIII. Quercus glabra (Japon)............ Futaie.
    XIV. Quercus glauca (Japon)............ Futaie.
    XV. Quercus phillyreoides (Japon)............ Futaie.
    XVI. Quercus sessilifolia (Japon)............ Futaie.
    XVII. Quercus ? (Japon)............ Futaie.
    XVIII. Quercus ? (Japon)............ Futaie.
    XIX. Quercus dentata (Japon)............ Futaie.
    XX. Quercus glandulifera (Japon)............ Futaie.
    XXI. Quercus serrata (Japon)............ Futaie.

XXII. Case laissée vide provisoirement.
XXIII. Case laissée vide provisoirement.
XXIV. Abies grandis (Californie).
XXV. Abies nobilis (Californie).
XXVI. Abies Nordmanniana (Asie).
XXVII. Pseudo-larix Kœmpferi (Chine).
XXVIII. Pinus Sabiniana (Amérique du Nord).
XXIX. Pinus Coulteri (Amérique du Nord).
XXX. Pinus Sinensis (Chine).
XXXI. Pinus excelsa (Himalaya).
XXXII. Pin sylvestre de Riga (Les Barres), 3° génération.
XXXIII. Pin sylvestre de Riga (Les Barres), 3° génération.
XXXIV. Pin sylvestre de Riga (Brest), 2° génération des Barres.
XXXV. Pin sylvestre de Riga (Brest), 2° génération des Barres.
XXXVI. Pin sylvestre de Haguenau, 2° génération des Barres.
XXXVII. Pin sylvestre de Haguenau, 2° génération des Barres.
XXXVIII. Pin laricio de Calabre (Les Barres), 3° génération.
XXXIX. Pin laricio de Calabre (Les Barres), 3° génération.
XL. Pin laricio de Caramanie.

LISTE ALPHABÉTIQUE

DES ESSENCES ÉNUMÉRÉES DANS LE CATALOGUE.

(Les numéros sont ceux du Catalogue.)

Abies balsamea	261	Acer negundo Californicum	93
—— bracteata	254	—— opulifolium	82
—— Canadensis	253	—— Pensylvanicum	87
—— Cephalonica	258	—— platanoides	83
—— Cilicica	266	—— pseudo-platanus	81
—— Douglasii	268	—— rubrum	90
—— firma	260	Æsculus hippocastanum	94
—— lasiocarpa	262	Ailanthus glandulosa	101
—— Maximowiczii	277	Alnus cordata	216
—— Menziezii	269	—— glutinosa	213
—— morinda	276	—— glutinosa latifolia	214
—— nobilis	255	—— glutinosa oxyacanthæfo-	
—— Nordmanniana	256	lia	215
—— orientalis	273	—— rotundifolia	217
—— pectinata	257	Amelanchier vulgaris	48
—— pichta	264	Amorpha fruticosa	73
—— pinsapo	265	Amygdalus communis	53
—— reginæ Ameliæ	259	Aralia spinosa	35
—— Webbiana	263	Araucaria imbricata	358
—— Weitchii	267	Arbutus unedo	30
Acer campestre	84	Berberis vulgaris	102
—— eriocarpum	89	—— vulgaris purpurea	103
—— macrophyllum	88	—— Wallichiana	104
—— Monspessulanum	85	Betula alba	204
—— Neapolitanum	86	—— alba fastigiata	205
—— negundo	91	—— alba pubescens	206
—— negundo panaché	92	—— alba daburica	208

Betula lenta	212	Cerisier à fleurs doubles	59
—— nana	207	Chamæcyparis Boursierii	243
—— papyracea	210	—— Nutkaensis	244
—— populifolia	211	—— sphæroïdea	242
—— pubescens	206	Colutea arborescens	66
—— urticifolia	209	Cornus florida	38
Bignonia catalpa	10	—— mas	36
Biota orientalis	231	—— sanguinea	37
—— orientalis aurea	232	Coronilla emerus	65
—— orientalis elegantissima	236	Corylus avellana	201
—— orientalis falcata	235	—— avellana purpurea	202
—— orientalis lutea	234	—— Bysantina	203
Biota orientalis nana aurea	233	—— coturna	203
—— orientalis pendula	237	Cotoneaster vulgaris	47
Buxus arborescens	115	Cratægus azarolus	49
Calycanthus floridus macrophyllus	40	—— azarolus, à fleurs doubles	50
		—— latifolia	51
Caragana altagana	67	Cryptomeria Japonica	249
Carpinus betulus	200	Cunninghamia Sinensis	252
Castanea pumila	145	Cupressus Lawsoniana	243
—— vulgaris	143	Cydonia vulgaris	41
—— vulgaris heterophylla	144	Cytisus Alpinus	75
Catalpa Bungei	11	—— laburnum	74
—— bignonioides	10	Daphne laureola	112
Cedrus Atlantica	283	Deutzia crenata	39
—— deodara	280	Diospyros Virginiana	13
—— deodara robusta	281	Eleagnus angustifolia	114
—— Libani	282	Evonymus Europæus	31
Celtis australis	120	—— latifolius	32
—— occidentalis	121	Fagus sylvatica	141
Cephalotaxus drupacea	362	—— sylvatica purpurea	142
—— Fortunei	361	Frangula vulgaris	34
—— pedunculata	360	Fraxinus Americana	24
Cerasus avium	55	—— australis	20
—— Lusitanica	58	—— dimorpha	23
—— Mahaleb	56	—— excelsior	19
—— padus	57	—— excelsior australis	20
Cercis siliquastrum	60	—— excelsior pendula	21

Fraxinus ornus............ 25
—— oxyphylla............ 22
Gincko biloba............ 359
Gleditschia triacanthos...... 61
Gymnocladus Canadensis... 62
Halesia tetraptera.......... 29
Hippophae rhamnoides..... 113
Ilex aquifolium............ 14
—— ferox................ 15
Juglans alba.............. 138
—— alba,à très-larges feuilles. 139
—— amara............... 137
—— cathartica............ 135
—— nigra................ 134
—— olivæformis........... 136
—— porcina.............. 140
—— regia................ 132
—— regia heterophylla.... 133
—— tomentosa............ 138
—— tomentosa, à très-larges feuilles................ 139
Juniperus Chinensis fæmina. 224
—— Chinensis mascula.... 223
—— communis........... 218
—— communis, élancé, des Barres................ 219
—— communis pendula.... 221
—— communis Suecica.... 220
—— excelsa.............. 227
—— fragrans............. 228
—— Japonica............. 225
—— Reewesiana.......... 224
—— Sabina.............. 222
—— thurifera............ 226
—— Virginiana........... 229
—— Virginiana argentea... 230
Kœlreuteria paniculata..... 97
Larix Europæa............ 278

Larix Europæa pendula...... 279
Ligustrum vulgare......... 18
Liriodendron tulipifera...... 109
Lonicera caprifolium....... 1
Maclura aurantiaca........ 123
Magnolia acuminata....... 108
—— grandiflora.......... 107
Mahonia aquifolium....... 105
—— Japonica............ 106
Melia azedarach........... 80
Morus alba............... 122
Paulownia imperialis....... 9
Pavia lutea.............. 95
—— Michauxi........... 96
Phillyrea angustifolia...... 16
—— latifolia............. 17
Picea alba............... 270
—— alba cœrulea......... 271
—— excelsa............. 274
—— excelsa pyramidata.... 275
—— Maximowiczii........ 277
—— Menziezii........... 269
—— morinda............ 276
—— nigra............... 272
—— orientalis............ 273
Pinus cembra............ 284
—— Coulteri............ 290
—— densiflora........... 343
—— excelsa............. 286
—— Fenzlii............. 353
—— Fremontiana........ 295
—— Halepensis.......... 356
—— inops.............. 301
—— Jeffreyi............. 291
—— laricio Austriaca..... 345
—— laricio Calabrica..... 346
—— laricio Calabrica (2ᵉ génération).............. 347

6.

(84)

Pinus laricio Calabrica, du mont Etna............ 348
—— laricio Caramanica... 349
Pinus laricio Corsicana..... 351
—— laricio Taurica....... 350
—— Massoniana........... 344
—— mitis................ 302

PINUS MONTANA.

Pin à crochets............ 311
—— des Pyrénées-Orientales. 312
Pin mugho élancé......... 303
—— mugho de la Malmaison. 304
—— mugho de la Maurienne. 305
—— mugho du Valais..... 306
—— mugho du Valais, élancé. 307
—— mugho de Verrières, élancé................ 308
—— pumilio............. 309
—— suffis............... 310

Pinus (paroliniana?)....... 357
—— peuce............... 285
—— pinaster (Belgique)... 296
—— pinaster (Bordeaux)... 297
—— pinaster (Corte)...... 298
—— pinaster (Maine)...... 299
—— ponderosa........... 292
—— pungens............. 300
—— Pyrenaica........... 355
—— rigida............... 293
—— rubra................ 354
—— Sabiniana........... 289
—— Salzmanni.......... 352
—— Sinensis............ 288
—— strobus............. 287

PINUS SYLVESTRIS.

Pin Sylvestre (Ardèche)..... 326
—— (Bordeaux).......... 327
—— (Briançon).......... 328
—— (Champagne)........ 329
—— (Darmstadt)......... 330
—— (Écosse, James Reid).. 331
—— (Écosse, Lawson)..... 332
—— (Écosse, Malcolm).... 333
—— (Genève)............ 334
—— (Haguenau)......... 335
—— (Louvain).......... 336
—— (Maine)............ 337
—— de Riga............ 320
—— de Riga (Les Barres, 2ᵉ génération)......... 321
—— de Riga (Bergerac)... 323
—— de Riga (Brest)...... 324
—— de Riga (Morlaix).... 325
—— de Riga (Riga, Helmand). 314
—— de Riga (Rigra, Zigra). 315
—— de Riga (Tschernigoff). 316
—— de Riga (Vic)........ 322
—— de Riga (Wilna)...... 317
—— de Riga (Witepsk).... 318
—— de Riga (Wolhynie)... 319
—— (Tarare)............ 338
—— (Toulouse).......... 339
—— (Verrières), branches étalées............... 341
—— (Verrières), branches pyramidées............ 340
Pinus sylvestris............ 313
Pinus sylvestris (montana?).. 342

Pinus tæda............... 294
Pirus Japonica............ 42

Planera crenata	119	Quercus pedunculata, à feuilles pétiolées	148
Platanus occidentalis	125	— pedunculata pyramidalis	147
— orientalis	124	— phellos	170
Populus alba	129	— phillyreoides	193
— angulata	131	— prinus discolor	168
— lævigata	130	— prinus monticola	169
Prunus domestica mirobolana	54	— pseudo-suber	157
Quercus acuta	189	— rubra	184
Quercus Ægilops	188	— rubra ambigua	185
— alba	163	— serrata	199
— aquatica	174	— sessiliflora	149
— aquatica laurifolia	175	— sessiliflora, à feuilles planes	150
— Banisteri	177	— sessiliflora glomerata	151
— Catesbæi	178	— sessiliflora laciniata	152
— cerris	155	— sessiliflora pubescens	153
— cerris laciniata	156	— sessilifolia	194
— cinerea	172	— suber	161
— coccinea	182	— tinctoria	181
— cuspidata	190	— tozza	154
— dentata	197	— ? de M. de Montbron	187
— falcata	179	— ? présumé hybride	186
— falcata triloba	180	— ? (Japon)	195
— ferruginea	176	— ? (Japon)	196
— glabra	191	Retinospora obtusa	245
— glandulifera	198	— squarrosa	246
— glauca	192	Rhamnus alaternus	33
— heterophylla	173	Rhus coriaria	79
— ilex	158	— cotinus	78
— ilex ballota	160	Robinia hispida	72
— ilex rotundifolia	159	— pseudo-acacia	68
— imbricaria	171	— pseudo-acacia Decaisniana	70
— lyrata	167	— pseudo-acacia spectabilis	69
— macrocarpa	165	— viscosa	71
— Mirbeckii	162	Rosa canina	52
— obtusiloba	166		
— olivæformis	164		
— palustris	183		
— pedunculata	146		

Salix capræa	127	Taxus baccata fastigiata	366
—— nigra	128	—— hybernica	366
—— viminalis	126	Thuiopsis borealis	244
Sambucus nigra	4	Thuya filiformis	237
Sarothamnus vulgaris	76	—— gigantea	241
Solanum dulcamara	8	—— Lobbii	238
Sophora Japonica	64	—— Menziezii	238
Sorbus aria	43	—— occidentalis	239
—— aucuparia	44	—— occidentalis nana compacta	240
—— domestica	45		
—— domestica, à gros fruits	46	Tilia Americana	100
Spartium junceum	77	—— argentea	99
Symphoricarpos racemosa	3	—— grandifolia	98
Syringa vulgaris	26	Torreya nucifera	363
—— vulgaris grandiflora purpurea	27	Ulmus Americana	116
		—— campestris	117
—— vulgaris Persica	28	—— montana	118
Tamarix Germanica	110	Viburnum lantana	6
—— Indica	111	—— opulus	7
Taxodium distichum	247	—— tinus	5
—— distichum fastigiatum	248	Virgilia lutea	63
—— sempervirens	250	Vitex agnus castus	12
Taxus baccata	364	Weigelia rosea	2
—— baccata pyramidalis	365	Wellingtonia gigantea	251

SUPPLÉMENT.

PLANTES OMISES DANS LE CATALOGUE
OU RÉCEMMENT INTRODUITES AU DOMAINE DES BARRES.

COMPOSÉES.

367. BACCHARIS HALIMIFOLIA. Lin. [Séneçon en arbre]. — Amérique du Nord.
Arboretum, pelouse IV.

CAPRIFOLIACÉES.

368. SAMBUCUS NIGRA LACINIATA. [Sureau noir à feuilles laciniées].
Arboretum, pelouses IX et XIV.

On trouve également dans les divers massifs de l'*Arboretum* quelques autres variétés du Sureau noir, telles que : *Sambucus nigra flore pleno* (à fleurs doubles), *foliis variegatis* (à feuilles panachées), *fructu viridi* (à fruit vert), *heterophylla* (hétérophylle), *monstruosa* (monstrueux), etc.

369. —— RACEMOSA. Lin. [Sureau à grappes]. — Indigène.
Arboretum, pelouse IX.

BIGNONIACÉES.

370. CATALPA KOEMPFERI. D. C. [Catalpa de Kœmpfer]. — Chine.
Arboretum, pelouse XI.

ÉBÉNACÉES.

371. DIOSPYROS LOTUS. Lin. [Plaqueminier d'Italie]. — Europe méridionale.
Arboretum, pelouse X.

ILICINÉES.

372. *Ilex aquifolium ciliata*. [Houx commun à feuilles ciliées].

Arboretum, pelouse II.

Dans les massifs voisins sont disséminées les variétés suivantes : *Ilex aquifolium calamistrata* (à feuilles contournées), *crassifolia* (à feuilles épaisses), *ferox argentea* (hérissé argenté), *ferox aurea* (hérissé doré), *furcata* (à feuille fourchue), *hybrida* (hybride), *latispinosa* (à larges épines), *laurifolia* (à feuilles de laurier), etc.

373. ——— *castaneæfolia*. [Houx à feuilles de châtaignier].

Arboretum, pelouse II.

374. ——— *Sinensis*. [Houx de Chine].

Arboretum, pelouse II.

OLÉINÉES.

375. *Phillyrea media*. Lin. [Philaria à feuilles moyennes]. — France méridionale.

Arboretum, pelouse VII.

376. *Fraxinus excelsior pendula aurea*. [Frêne pleureur doré].

Arboretum, pelouse VI.

377. ——— *monophylla*. Desf. [Frêne à feuilles simples]. — Indigène.

Arboretum, pelouse VI.

C'est probablement une variété du *Fr. excelsior*.

STAPHYLÉACÉES.

378. *Staphylea Colchica*. Hook. [Staphylier de la Colchide, Faux Pistachier de la Colchide].

Arboretum, pelouse VIII.

RHAMNÉES.

379. *Rhamnus alaternus latifolius*. [Nerprun alaterne à larges feuilles].

Arboretum, pelouse IX.

OMBELLIFÈRES.

380. *Buplevrum fruticosum*. Lin. [Buplèvre frutescent, Oreille de lièvre]. — France méridionale.
Arboretum, pelouse IV.

ROSACÉES.

381. *Malus acerba*. D. C. [Pommier acerbe]. — Indigène.
Arboretum, pelouses I et XI.

382. ——— *floribunda*. Sieb. [Pommier floribond]. — Japon.
Arboretum, pelouse I.

383. *Sorbus aucuparia pendula*. [Sorbier pleureur].
Arboretum, pelouse VII.

384. *Cotoneaster microphyllus*. Wall. [Cotonéaster à petites feuilles]. — Inde.
Arboretum, pelouses I et VII.

On trouve aussi dans l'*Arboretum* le *C. affinis* et le *C. Nepalensis*.

385. *Cratægus pyracantha*. Pers. — *Mespilus pyracantha*. Lin. [Buisson ardent]. — Midi de la France.
Arboretum, pelouses VIII, XI et XII.

Les mêmes massifs renferment quelques autres variétés de *Cratægus* : *C. betulæfolia*, *C. corymbosa*, *C. Douglasii*, *C. opulifolia*, etc.

LÉGUMINEUSES. — PAPILIONACÉES.

386. *Cytisus nigricans*. Lin. [Cytise noirâtre]. — Indigène.
Arboretum, pelouse VII.

ACÉRINÉES.

387. *Acer creticum*. Lin. [Érable de Crète]. — Orient.
Arboretum, pelouse X.

388. ——— *tataricum*. Lin. [Érable de Tartarie]. — Asie centrale.
Arboretum, pelouse XII.

HIPPOCASTANÉES.

389. *Pavia Ohiotensis.* Loud. [Pavia de l'Ohio]. — Amérique du Nord.

Arboretum, pelouse VII.

390. —— *macrostachya.* D. C. [Pavia à longs épis, Pavia nain]. — Amérique du Nord.

Arboretum, pelouses XI et XII.

Les mêmes massifs contiennent aussi : *P. Californica*, *P. Lionii*, *P. lucida*, etc.

MALVACÉES.

391. *Hibiscus Syriacus.* Lin. [Ketmie des jardins]. — Orient.

Arboretum, pelouse XI.

ZANTHOXYLÉES.

392. *Ptelea trifoliata.* Lin. [Ptelea à trois feuilles, Orme de Samarie]. — Amérique du Nord: Caroline.

Arboretum, pelouse X.

BERBÉRIDÉES.

393. *Berberis Darwinii.* Hook. [Épine-vinette de Darwin]. — Amérique du Sud : Chili, Patagonie.

Arboretum, pelouse VI.

394. *Mahonia Fortunei.* Lindl. [Mahonia de Fortune]. — Amérique du Nord.

Arboretum, pelouse VII.

CISTINÉES.

395. *Cistus ladaniferus.* Lin. [Ciste ladanifère]. — Indigène.

Arboretum, pelouse XIV.

THYMÉLÉES.

396. *Daphne Pontica.* Lin. [Daphné Pontique]. — Russie méridionale.

Arboretum, pelouse XIV.

SALICINÉES.

397. SALIX BABYLONICA. Lin. [Saule pleureur]. — Indigène.
Arboretum, pelouse IX.

398. —— REPENS. Lin., var. *rosmarinifolia*. [Saule rampant à feuilles de romarin]. — Indigène.
Arboretum, pelouse VIII.

399. POPULUS TREMULA PENDULA. [Tremble pleureur].
Arboretum, pelouse X.

SMILACÉES.

400. RUSCUS ACULEATUS. Lin. [Fragon, Petit Houx]. — Indigène.
Très-commun dans le *Parc*, derrière la maison d'habitation.

401. —— RACEMOSUS. Lin. [Laurier alexandrin]. — Europe méridionale.
Arboretum, pelouses I et XIV.

CONIFÈRES.

402. JUNIPERUS DRUPACEA. Labill. [Genévrier drupacé]. — Syrie.
T. de la Gr. Mét. — *Arboretum*, pelouse XIV (hauteur : $1^m,90$).

403. —— MACROCARPA. Sibth. [Genévrier à gros fruits]. — Région méditerranéenne.
T. de la Gr. Mét. — *Arboretum*, pelouses IV et XIV (hauteur : $2^m,50$).

404. —— OXYCEDRUS. Lin. [Genévrier oxycèdre]. — Région méditerranéenne.
T. de la Gr. Mét. — *Arboretum*, pelouse XIV (hauteur : 1 mètre).

405. —— COMMUNIS STRICTA GLAUCA. [Genévrier pyramidal à feuillage glauque].
Arboretum, pelouse XIV (hauteur : 1 mètre).

406. JUNIPERUS OBLONGA. Bieb. [Genévrier à feuilles oblongues]. — Tauride.
> T. de la Gr. Mét. — Arboretum, pelouse IV (hauteur : 1^m,50).

407. —— SQUAMATA. Don. [Genévrier écailleux].— Himalaya.
> T. de la Gr. Mét. — Arboretum, pelouse IV (hauteur : 1 mètre).

408. —— CINEREA. Carr. — Juniperus thurifera. Hort. [Genévrier cendré]. — Région méditerranéenne.
> T. de la Gr. Mét. — Arboretum, pelouse IV (hauteur : 1^m,20).

409. —— EXCELSA GLAUCA. [Genévrier élevé à feuillage glauque].
> Arboretum, pelouse XIV (hauteur : 1^m,20).

410. —— VIRGINIANA CINERESCENS. [Genévrier de Virginie cendré].
> Arboretum, pelouse IV (hauteur : 1^m,30).

411. —— LYCIA. Lin. [Genévrier de Lycie]. — Orient.
> T. de la Gr. Mét.— Arboretum, pelouse XIV (hauteur : 1^m,40).

412. BIOTA ORIENTALIS TATARICA. Endl. [Biota de Tartarie]. — Asie septentrionale.
> Arboretum, pelouse XIV (hauteur : 2 mètres).

413. THUIA OCCIDENTALIS RECURVA. Hort.
> Arboretum, pelouse XIV (hauteur : 2 mètres).

414. CUPRESSUS LAWSONIANA VARIEGATA AUREA. [Cyprès de Lawson panaché doré].
> Pépinière du Verger.

Belle variété obtenue aux Barres par M. Pillaudeau, brigadier forestier attaché au domaine.

415. RETINOSPORA OBTUSA PLUMOSA.
> Arboretum, pelouse IX (hauteur : 1^m,70).

416. CUPRESSUS HORIZONTALIS. Mill. — Cupressus sempervirens. Lin. [Cyprès horizontal]. — Orient.
> T. de la Gr. Mét.— Arboretum, pelouses II et III (hauteur : 2^m,60).

417. CUPRESSUS TORULOSA. Don. [Cyprès de l'Himalaya]. — Himalaya.
> T. de la Gr. Mét. — Arboretum, pelouse XIII (hauteur : 2^m,50).

418. —— TORULOSA CORNEYANA. Carr. — Cupressus corneyana. Knight. [Cyprès à fruit cornu]. — Himalaya.
> Arboretum, pelouse XIII (hauteur : 2 mètres).

419. —— TORULOSA MAJESTICA. Carr. — Cupressus majestica. Knight. [Cyprès majestueux]. — Himalaya.
> T. de la Gr. Mét. — Arboretum, pelouse IX (hauteur : 2 mètres).

420. —— EXCELSA. Scott. — Cupressus Skinneri, Hort. [Cyprès élevé]. — Asie centrale.
> T. de la Gr. Mét. — Arboretum, pelouse IV (hauteur : 1^m,70).

421. —— FUNEBRIS. Endl. [Cyprès funèbre]. — Chine.
> Arboretum, pelouse III (hauteur : 1^m,60).

422. —— MAC-NABIANA. Murray. [Cyprès de Mac-Nabian]. — Californie.
> T. de la Gr. Mét. — Arboretum, pelouse IV (hauteur : 2 mètres).

423. —— LAMBERTIANA. Carr. — Cupressus macrocarpa. Hort. [Cyprès à gros fruits]. — Californie.
> T. de la Gr. Mét. — Arboretum, pelouse IX (hauteur : 3 mètres).

424. —— TAXODIUM DISTICHUM PENDULUM. [Cyprès chauve pleureur]. — Chine.
> Arboretum, pelouse IX.

425. ABIES MERTENSIANA. Lindl. — Tsuga Mertensiana. Carr. [Sapin du Canada à feuilles d'if]. — Amérique du Nord : Orégon, Californie.
> T. de la Gr. Mét. — Arboretum, pelouse III (hauteur : 1^m,10).

426. —— NOBILIS GLAUCA. Hort. [Sapin noble à feuillage glauque].
> Arboretum, pelouse II (hauteur : 2^m,50).

427. *Abies nobilis robusta*. Veitch. — *Abies magnifica*. Hort. [Sapin noble robuste].

Arboretum, pelouses III et IV (hauteur : 1 mètre).

428. —— *Apollinis*. Link. [Sapin d'Apollon]. — Grèce et Archipel.

T. de la Gr. Mét. — *Arboretum*, pelouse XIII (hauteur : 1ᵐ,80).

Très-voisin de l'*A. Cephalonica*, dont il se distingue cependant par un feuillage plus foncé et une plus grande roideur des aiguilles.

429. —— *Peloponnesiaca*. Haage. [Sapin du Parnasse]. — Grèce.

T. de la Gr. Mét. — *Arboretum*, pelouse II (hauteur : 1ᵐ,30).

Forme presque identique à l'*A. Cephalonica*.

430. —— *Gordoniana*. Carr. — *Abies grandis*. Hort. [Sapin de Gordon]. — Californie.

Arboretum, pelouse XIV.

431. —— *Pindrow*. Spach. [Sapin Pindrow]. — Himalaya.

Arboretum, pelous XIV (hauteur : 3 mètres).

432. —— *Numidica*. De Lannoy. [Sapin de Numidie]. — Kabylie.

T. de la Gr. Mét. — *Arboretum*, pelouse XIII.

Quoique très-voisin de l'*A. Pinsapo*, il s'en distingue cependant par la forme, la disposition et la couleur des aiguilles, qui sont d'un vert beaucoup plus foncé.

433. *Picea excelsa pendula*. Carr. — *Abies excelsa pendula*. Loud. [Épicéa pleureur].

Arboretum, pelouse II.

Dans les mêmes massifs on trouve aussi les variétés suivantes : *Picea excelsa (abies) monstrosa, Cranstonii, tabulæformis, Clambrasiliana, pygmæa, inverta, Gregoryana*, etc.

434. *Larix intermedia*. Laws. — *Larix Sibirica*. Ledeb. [Mélèze de Sibérie]. — Asie septentrionale.

Arboretum, pelouses I, II et XI.

435. LARIX AMERICANA. Mich. [Mélèze d'Amérique]. — Canada.
Arboretum, pelouses I et XIII.

436. PSEUDO-LARIX KOEMPFERI. Gord. [Faux Mélèze de Kœmpfer]. — Chine.
Arboretum, pelouse I (hauteur: 1 mètre).

Cette essence a l'aspect extérieur du Mélèze; mais son cône est à écailles caduques et ressemble, quand il s'entr'ouvre, à un petit artichaut.

437. CEDRUS DEODARA ARGENTEA. [Cèdre deodara argenté].
Arboretum, pelouse XIII (hauteur: 1^m,40).

438. PINUS STROBUS NANA. [Pin du Lord nain].
Arboretum, pelouse II.

439. —— MONTICOLA. Dougl. [Pin des montagnes]. — Californie.
Jeunes plants en pépinière.

440. —— LAMBERTIANA. Dougl. [Pin de Lambert]. — Nord de la Californie.
T. de la Gr. Mét. (hauteur: 1^m,60).

Les cônes sont pendants et assez semblables, pour la forme, à ceux du *P. strobus*, mais ils ont des dimensions considérables; la collection de cônes des Barres en renferme un de 50 centimètres de longueur et de 38 centimètres de circonférence (ouvert).

441. —— MONTEZUMÆ. Lamb. [Pin de Montezuma]. — Mexique.
T. de la Gr. Mét. (hauteur: 1 mètre).

442. —— ORIZABÆ. Gord. [Pin de l'Orizaba]. — Mexique.
Jeunes plants en pépinière.

443. —— TORREYANA. C. Parry. [Pin de Torrey]. — Californie.
Arboretum, pelouse II.

444. —— GERARDIANA. Wallich. [Pin de Gérard]. — Asie centrale.
Arboretum, pelouse II.

445. PINUS BUNGEANA. Zucc. [Pin de Bunge]. — Chine.
Arboretum, pelouse II.

446. —— INSIGNIS. Dougl. [Pin remarquable]. — Californie.
T. de la Gr. Mét. (hauteur : 1^m,80).

Il gèle très-fréquemment aux Barres, où il est difficile à élever.

447. —— TUBERCULATA. Don. [Pin tuberculeux]. — Californie.
Arboretum, pelouse II.

448. —— BENTHAMIANA. Hartw. [Pin de Bentham]. — Californie.
Arboretum, pelouse II.

449. —— PINEA. Lin. [Pin pinier]. — Région méditerranéenne.
Jeunes plants en pépinière.

450. —— BRUTIA. Ten. [Pin des Abruzzes]. — Italie méridionale.
Arboretum, pelouse II.

451. —— ABASICA. Carr. [Pin d'Abasie]. — Asie Mineure.
Arboretum, pelouse II.

TABLE ALPHABÉTIQUE
DES ESSENCES ÉNUMÉRÉES DANS LE SUPPLÉMENT.

Abies Apollinis............ 428
—— excelsa Clambrasiliana. 433
—— excelsa Cranstonii..... 433
—— excelsa Gregoranya.... 433
—— excelsa inverta....... 433
—— excelsa monstrosa..... 433
—— excelsa pendula...... 433
—— excelsa pygmæa...... 433
—— excelsa tabulæformis... 433
—— Gordoniana......... 430
—— grandis............ 430
—— magnifica.......... 427
—— Mertensiana........ 425
—— nobilis glauca....... 426
—— nobilis robusta...... 427
—— Numidica.......... 432
—— Peloponnesiaca...... 429
—— Pindrow........... 431
Acer Creticum............ 387
—— Tataricum......... 388
Baccharis halimifolia...... 367
Berberis Darwinii......... 393
Biota Orientalis Tatarica.... 412
Buplevrum fruticosum..... 380
Catalpa Kœmpferi........ 370
Cedrus deodara argentea.... 437
Cistus ladaniferus......... 395
Cotoneaster affinis........ 384
—— microphyllus........ 384
—— Nepalensis......... 384
Cratægus betulæfolia...... 385
—— corymbosa......... 385
—— Douglasii.......... 385

Cratægus opulifolia........ 385
—— pyracantha......... 385
Cupressus corneyana....... 418
—— excelsa............ 420
—— funebris........... 421
—— horizontalis........ 416
—— Lambertiana........ 423
—— Lawsoniana variegata aurea................ 414
—— Mac-Nabiana....... 422
—— macrocarpa......... 423
—— majestica.......... 419
—— sempervirens........ 416
—— Skinneri........... 420
—— torulosa........... 417
—— torulosa corneyana.... 418
—— torulosa majestica.... 419
Cytisus nigricans.......... 386
Daphne Pontica.......... 396
Diospyros lotus........... 371
Fraxinus excelsior pendula aurea.................. 376
—— monophylla........ 377
Hibiscus Syriacus......... 391
Ilex aquifolium calamistrata . 372
—— aquifolium ciliata..... 372
—— aquifolium crassifolia.. 372
—— aquifolium ferox argentea 372
—— aquifolium ferox aurea. 372
—— aquifolium furcata.... 372
—— aquifolium hybrida.... 372
—— aquifolium latispinosa.. 372
—— aquifolium laurifolia... 372

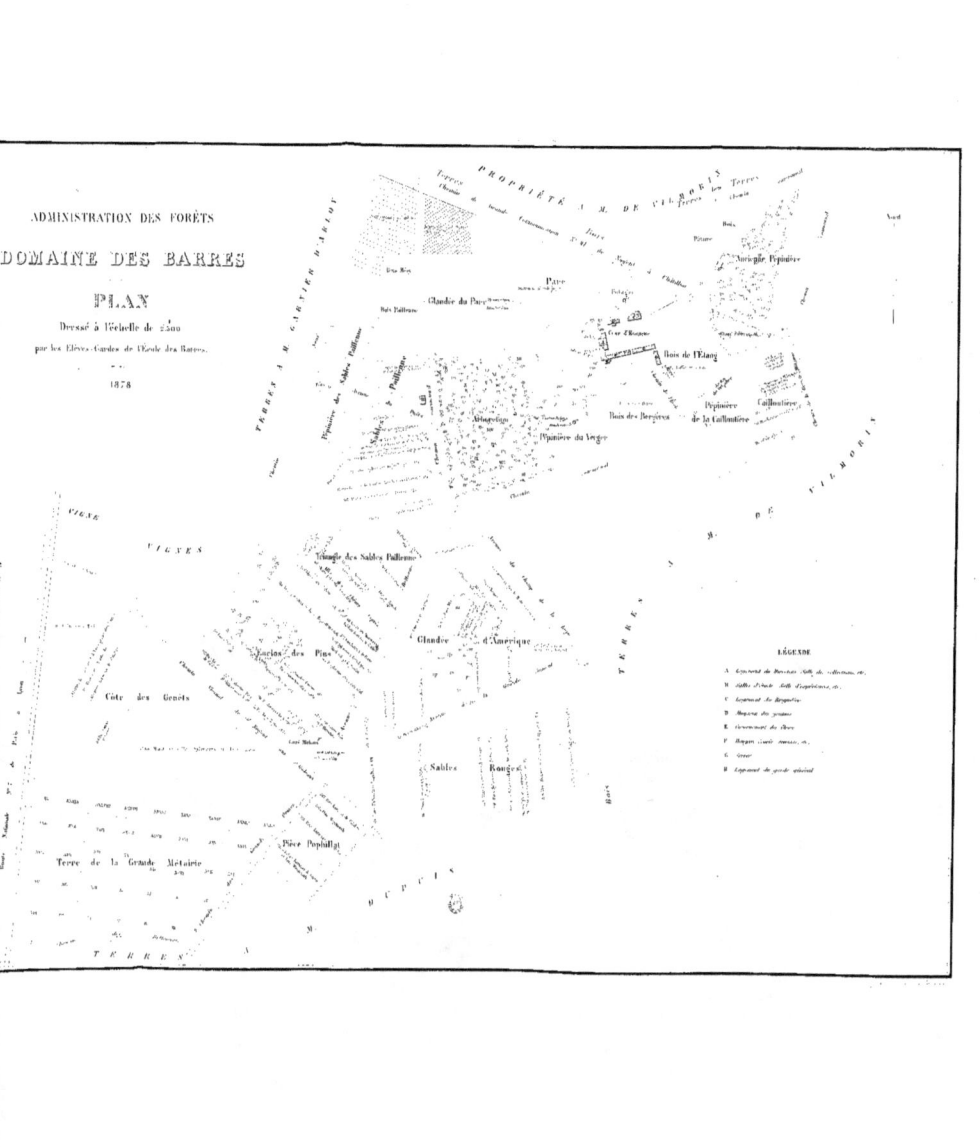

www.ingramcontent.com/pod-product-compliance
Lightning Source LLC
Chambersburg PA
CBHW070249100426
42743CB00011B/2199